U0232628

Palaeontology and
Rare Fossil Biotas
in Hubei Province

湖北省古生物与珍稀古生物群落

湖北省地质调查院●组编

VOL.3

第　三　卷

软体动物

Mollusca

黎作骢◎主编

长江出版传媒 Changjiang Publishing & Media
湖北科学技术出版社 HUBEI SCIENCE & TECHNOLOGY PRESS

图书在版编目（CIP）数据

湖北省古生物与珍稀古生物群落．第三卷，软体动物／黎作骢主编．—武汉：湖北科学技术出版社，2020.5

ISBN 978-7-5706-0846-1

Ⅰ．①湖… Ⅱ．①黎… Ⅲ．①古生物—研究—湖北②古动物—软体动物—研究—湖北 Ⅳ．① Q911.726.3

中国版本图书馆 CIP 数据核字 (2019) 第 299207 号

HUBEI SHENG GUSHENGWU YU ZHENXI GUSHENGWU QUNLUO
DI-SAN JUAN RUANTI DONGWU

策　　划：李慎谦　高诚毅　宋志阳　　责任校对：王　梅
责任编辑：谭学军　　封面设计：喻　杨

出版发行：湖北科学技术出版社　　电话：027-87679468
地　　址：武汉市雄楚大街 268 号
（湖北出版文化城 B 座 13-14 层）　　邮编：430070
网　　址：http://www.hbstp.com.cn

印　　刷：湖北金港彩印有限公司　　邮编：430023

787 × 1092　1/16　　11.5 印张　1 插页　280 千字
2020 年 5 月第 1 版　　2020 年 5 月第 1 次印刷

定价：120.00 元

《湖北省古生物与珍稀古生物群落》编委会

主　　编　朱厚伦　马　元

副 主 编　汪啸风　钟　伟　胡正祥

编写人员（以姓氏笔画排序）

王传尚　王保忠　王淑敏　毛新武
邓乾忠　田望学　刘贵兴　孙振华
何仁亮　张汉金　陈公信　陈孝红
陈志强　陈　超　宗　维　徐家荣
黎作骢

前　言

湖北省地层古生物调查研究始于20世纪20年代，近一个世纪以来，形成了大量极具参考价值的文献、专著，其中，由原湖北省区域地质测量队完成并于1984年在湖北科学技术出版社出版的《湖北省古生物图册》就是其中的代表作之一。该专著系统、全面地总结了湖北省古生物资料，涉及16个门类、872个属、2 130个种，并附有130余幅插图及说明、270余幅图版及图版说明，较为客观地反映了湖北省各个地质时期的古生物群面貌。长期以来，《湖北省古生物图册》为湖北省及其相关地质调查研究提供了丰富翔实的资料，在科研、教学部门得到了广泛应用，即便在今天，仍有着较高的学术参考价值。

然而，随着湖北省地质工作不断推进，本书长时间未更新，已不能很好地满足新时代地学工作者的需要。首先，湖北省地层分区和部分地层划分、时代归属等基础地质问题不断完善，而《湖北省古生物图册》是在20世纪80年代地质调查背景下编写的，书中涉及地质背景方面的表述与当前认识存在出入，使得现今读者难以全面深入地理解一些古生物化石对应的地层产出层位。其次，在过去的几十年，湖北省一些行政区划及地名不断发生更改、合并、分解等变化，书中的某些地名在现有的地图上无法找寻，导致读者不能准确获得某些古生物化石的现今产地。此外，使用过程中在原"图册"中发现了一些欠规范、欠合理的表述，影响了其应有的价值。有鉴于此，为使本书更大限度地发挥其科学价值，特进行此次修编。

新版修编主要在原版基础上进行，保留原"图册"的体例设置、门类、属种及描述、插图、图版及说明。本次修编主要在化石产出层位、产出时代、产出地点和规范描述、查漏补缺等方面进行修正。具体体现在以下几个方面：（1）参考2014年中国地层表，"图册"中的部分地质年代单位、年代地层单位发生改变，如：将原"早寒武世"分解为"纽芬兰世、第二世"，寒武系四分为纽芬兰统、第二统、第三统、芙蓉统；类似的志留系、二叠系等也做了修订。（2）地层分区、地层单位的资料参考了由湖北省地质调查院2017年完成的新一代《湖北省区域地质志》，对部分地层单位进行了更新，如：临湘组并入宝塔组，分乡组并入南津关组，崇阳组改成柳林岗组等；对部分地层时代进行了修正，如：宝塔组时代由晚奥陶世改为中—晚奥陶世，大湾组时代由早奥陶世改为早—中奥陶世，坟头组时代由中志留世改为志留纪兰多弗里世等。（3）对古生物化石产出地点行政单位名称进行了调整，如：蒲圻县改为赤壁市、襄樊市改为襄阳市、广济县改为武穴市等。对原"图册"进行了严格的图文对应，部分图片说明缺失之处做了补充，对一些古生物化石的描述术语进行了统一规范化，对文中的一些漏字、多字、错别字现象分别进行了修改，在此不一一示例。

本次修编工作由湖北省地质局主持，湖北省地质调查院具体承担修编任务，湖北科学技术出版社在文字、体例等方面做了系统修改。中国地质调查局武汉地质调查中心汪啸风研究员、陈孝红研究员参加了本次修编工作的申报、审定工作。在此，对所有参加修编的单位和个人，表示衷心的感谢。

1984年原“图册”出版以来，国际、国内以及湖北古生物研究方面有了许多新发现、新进展，据此做了修编工作，但主要是以室内工作为主，未能全面系统地反映最新的进展和有关成果，请予谅解。且受修编者水平限制，难免存在错误及遗漏之处，欢迎广大读者批评、指正。

湖北省地质调查院

2019年2月

目　录

一、化石描述

软体动物门　Mollusca

双壳纲　Bivalvia

双壳纲的基本结构如图1、图2所示。

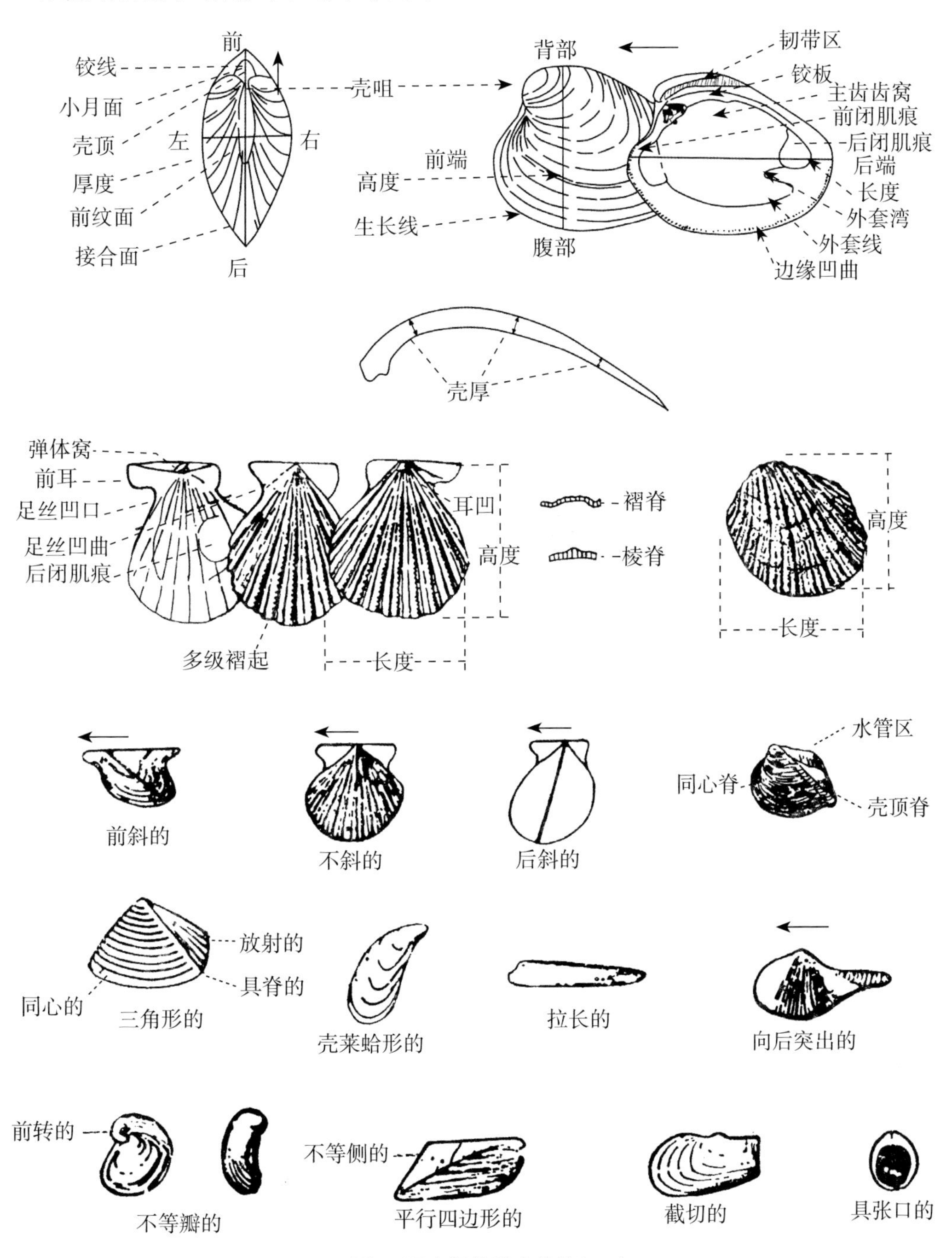

图1　双壳纲的基本结构(一)

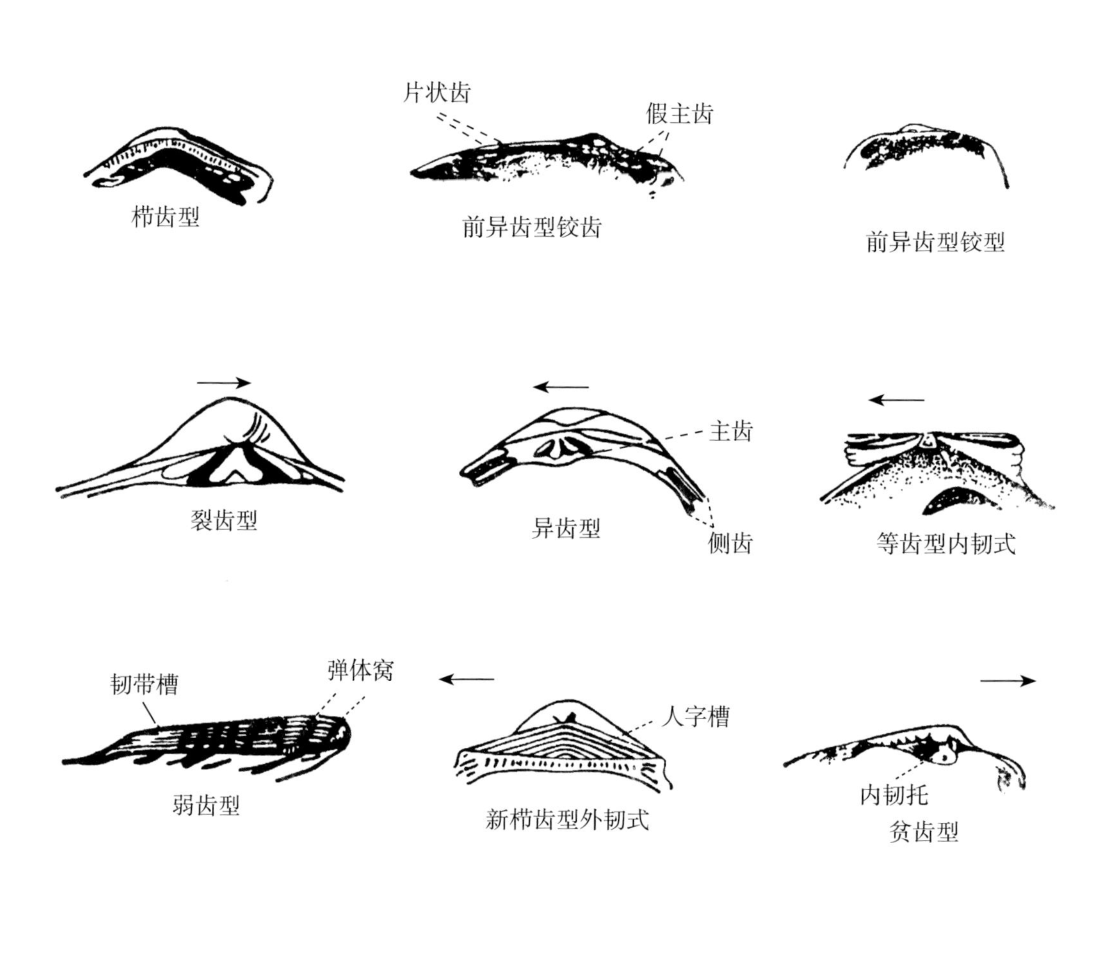

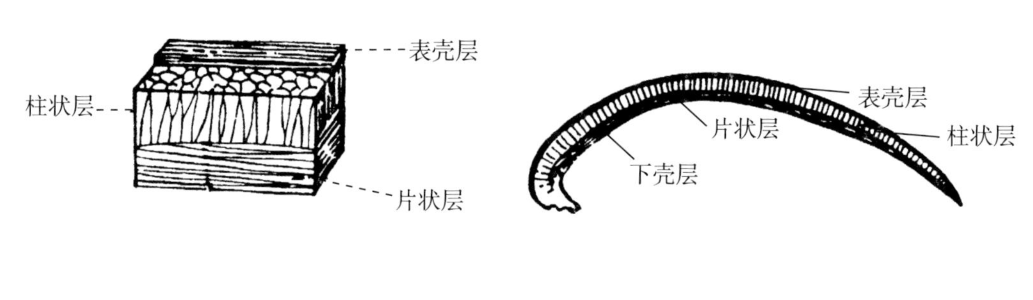

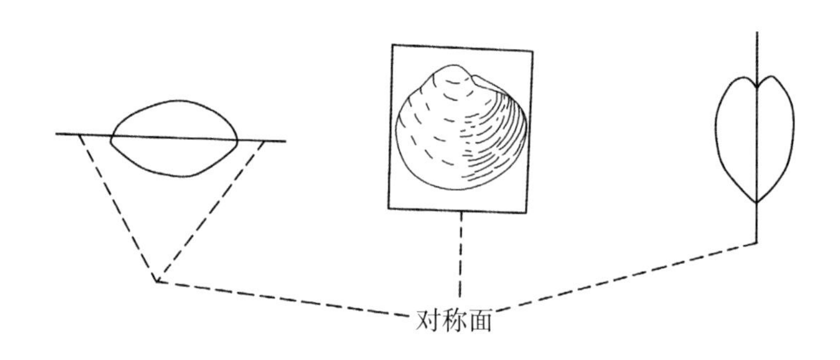

图2 双壳纲的基本结构(二)

瓢形蛤目　Modiomorphoida Newell, 1969

前薄齿蛤超科*　Praelamellodontacea Zhang, 1980

前薄齿蛤科　Praelamellodontidae Zhang, 1980

前薄齿蛤属　*Praelamellodonta* Zhang, 1980

壳椭圆形，两侧不等。壳顶甚突出于铰缘之上。前端圆，后端略显截切状。壳顶前后各有一枚与铰缘平行的片状齿，其上下方各有一条与铰齿平行的齿槽，外韧带双韧式。壳面同心饰为主，偶见放射饰。

分布与时代　湖北；寒武纪第二世。

优美前薄齿蛤　*Praelamellodonta elegansa* Zhang

（图版1，1、2）

壳中等至大，横向发育。壳高长比为0.73～0.76。壳顶略突出于铰缘之上。壳体前部圆，壳顶之后壳体稍收缩，后端略显截切状。壳面同心饰发育，同心圈不甚规则，偶见弱放射线。左壳壳顶前、后各有一枚与铰缘平行的片状齿，齿的上、下各有一条与齿平行的齿槽。

产地层位　咸丰县忠堡；寒武系第二统天河板组上段。

咸丰蛤属　*Xianfengoconcha* Zhang, 1980

壳小至中等，两侧不对称，近圆至椭圆形。壳面仅具同心饰；外韧带双韧式。壳顶不突出于铰缘之上，其前后各有一枚与铰缘平行的片状齿及齿槽，片状齿在壳顶下部不相连。左壳壳顶下有时具一个三角形突起。

分布与时代　湖北；寒武纪第二世。

椭圆咸丰蛤　*Xianfengoconcha elliptica* Zhang

（图版1，3、4）

壳中等，椭圆形，长高比约1.2。壳顶不突出于铰缘之上，壳顶角135°～145°。前后缘均钝圆。壳面复有密集的同心圈。左壳顶前、后各有一枚片状齿及齿槽，与铰缘大体平行，壳顶下有一个三角形突起，所有片状齿及齿槽均光滑。前、后片状齿在壳顶下不相连。

产地层位　咸丰县忠堡；寒武系第二统天河板组上段。

---

*　系张仁杰（1980）研究湖北咸丰寒武纪双壳类所建立的新超科。有人认为这些化石是腕足类。本图册暂按双壳类处理。

小型咸丰蛤 *Xianfengoconcha minuta* Zhang

（图版1,5、6）

壳小,长小于10mm,方圆形。壳顶不钝,略突出于铰缘之上。前、后缘圆,几乎相等,但后缘更为宽平。壳体中等膨凸,以壳顶区较明显。外韧带双韧式。壳顶后有一枚片状齿,与铰缘相平行,其上方有一条齿槽。壳面同心圈粗密而浑圆。

产地层位 咸丰县忠堡;寒武系第二统天河板组上段。

圆形咸丰蛤 *Xianfengoconcha rotunda* Zhang

（图版1,7）

壳较大,圆形。高长比约0.86。壳顶宽平,不突出于铰缘之上,前、后背缘近直。前、后端均圆,后端较前端更为宽圆。前、后缘与腹缘构成一较规则的圆弧。壳体相当膨凸。最大凸度在壳体中部,壳面有细密的同心线。

产地层位 咸丰县忠堡;寒武系第二统天河板组上段。

类圆蛤科 Cycloconchoididae Zhang,1980

类圆蛤属 *Cycloconchoides* Zhang,1980

壳小至中等,圆至长圆形,不等侧。壳顶明显。壳体前部较窄,向后逐渐放宽。中等膨凸。壳面以同心饰为主,并有明显的放射线,尤以壳体前部及中部较为明显。

分布与时代 湖北;寒武纪第二世。

长型类圆蛤 *Cycloconchoides elongatus* Zhang

（图版1,8）

壳较小,长小于10mm。横向延伸,长约为高的1.5倍。壳后部约为前部长度的1倍。壳顶略突出于铰缘之上。前、后背缘近直。前缘窄圆,向后逐渐增宽,最大壳高在壳顶下。后缘钝圆。壳面以同心饰为主,两条同心圈之间有较细的同心线。放射饰稀而粗。

产地层位 咸丰县忠堡;寒武系第二统天河板组上段。

古老类圆蛤 *Cycloconchoides venustus* Zhang

（图版1,9、10）

壳小至中等,近圆形。壳顶较尖而明显突出于铰缘之上,壳顶前、后的背缘宽平弧状或近直。后端甚高于前端。壳面具粗同心圈10～15圈,在近腹缘处呈不明显的同心层,每两条同心圈之间有3～5条次级同心线。放射饰稀而强。

产地层位 咸丰县忠堡;寒武系第二统天河板组上段。

科未定　Family indet.

湖北蛤属　*Hubeinella* Zhang, 1980

壳小，卵三角形轮廓，壳顶相当耸突，壳体甚膨凸，壳面仅具同心饰。内部构造不详。

分布与时代　湖北；寒武纪第二世。

优美湖北蛤　*Hubeinella formosa* Zhang

（图版1，11、12）

壳较小，最大壳长不超过6mm。壳高略小于壳长。呈卵三角形。前端宽钝圆形，后端稍窄，略向后延伸。壳顶尖，强烈耸突。后壳顶坡稍有下陷，前壳顶坡下陷不显。壳体相当膨凸。壳面同心圈密、较规则。

产地层位　咸丰县忠堡；寒武系第二统天河板组上段。

古栉齿目　Palaeotaxodonta Korobkov, 1954

梳齿蛤科　Ctenodontidae Wöhrmann, 1893

梳齿蛤属　*Ctenodonta* Salter, 1852

等壳，中等膨凸。壳顶稍前或近中央。壳面光滑或仅有生长线。沿铰缘有一列小而弯曲的栉齿。前后闭肌痕近于相等。近年研究认为，典型的梳齿蛤壳体横长，仅限于奥陶纪。

分布与时代　世界各地；奥陶纪—志留纪。

云南梳齿蛤　*Ctenodonta yunnanensis* Liu

（图版1，13）

壳小，椭圆三角形，不甚膨凸，后部稍长，两端钝。壳顶高，壳嘴内曲，位于中部稍前。后背缘稍凹曲。该标本比原种型扁平。

产地层位　秭归县新滩；下—中奥陶统大湾组。

锤蛤科　Malletiidae H.Adams et A.Adams, 1858

古尼罗蛤属　*Palaeoneilo* Hall et Whitfield, 1896

栗蛤形，壳后部伸长，略呈楔形。后壳顶坡有些凹陷，栉齿型铰齿呈连续排列。外韧带位于狭槽中，两闭肌痕近等，位于铰缘外端之下。

分布与时代　世界各地；奥陶纪—白垩纪。

贵州古尼罗蛤　*Palaeoneilo guizhouensis* Chen et Lan

（图版2，5）

壳横卵形，膨凸，于中部最显著。前端宽圆，后部收缩明显，腹缘弧形。壳顶狭圆，距前端约壳长的2/5,壳嘴略内曲,壳面具细密同心线。

产地层位 利川市齐岳山;二叠系乐平统吴家坪组。

古异齿目 Palaeoheterodonta Newell,1965

褶翅蛤科 Myophoriidae Bronn,1849

裂齿蛤属 *Schizodus* King,1844

壳呈圆三角形至近四边形,壳嘴后转,外脊不强,壳面光滑或具同心细线;右壳齿一枚(3a)强而明显,(3b)大多退化,左壳中央齿(2)粗壮,末端稍显分裂,(4a)弱而狭长,(4b)近于退化,闭肌痕小。

分布与时代 世界各地;泥盆纪—二叠纪。

湖石裂齿蛤(相似种) *Schizodus* cf. *schlotheimi*(Geinitz)

(图版2,6)

壳中等大小,横卵形,前边缘凸,后部延伸,末端成截切状,腹缘后部略内弯。壳顶尖突,超出背缘,位中央之前。外脊圆而较弱。后壳面稍下凹,壳面具同心线。

产地层位 黄石市;二叠系乐平统吴家坪组。

新裂齿蛤属 *Neoschizodus* Giebel,1855

表面光滑,具有明显的外脊和角状的后腹角,左壳中央主齿(2)三角形或两分叉,并具齿侧细沟棱,后齿(4b)狭;右壳前齿(3a)强,三角形,后齿(3b)延长,撑肌板十分发育。

分布与时代 世界各地;二叠纪乐平世—三叠纪。

湖北新裂齿蛤 *Neoschizodus hubeiensis* Zhang

(图版2,7、8)

壳小至中等,甚穹凸,卵形。壳嘴前转;后壳顶脊浑圆而明显,后壳面平;壳面具同心线,盾纹面发育;左壳中央主齿(2)呈长三角形,前齿(4a)呈三角形,后齿(4b)长;右壳前齿(3a)下部呈摆状,后齿(3b)片状,与(3a)在壳顶下相连;闭肌痕强,外套线完整。

产地层位 恩施市罗针田;二叠系乐平统吴家坪组。

褶翅蛤属 *Myophoria* Bronn,1834

三角形轮廓,壳嘴前转,外脊显著或弱,自壳顶伸至后腹角;有或无小月面,内脊减弱或消失;主区光滑或有放射饰或同心饰;每壳两主齿,前闭肌痕后和后闭肌痕之前均有撑肌板。

分布与时代 世界各地;二叠纪—三叠纪。

脊褶蛤亚属　*Myophoria*（*Costatoria*）Waagen，1906

三角卵形，外脊明显，小月面小，壳面主区具强放射脊，后壳面光滑或具弱射脊；右壳主齿（3a）、（3b）强，近等，左壳中央主齿（2）强，齿侧有细沟纹，具撑肌板，前肌痕大，后肌痕小。

分布与时代　世界各地；三叠纪（日本、美国、欧洲主要为二叠纪）。

近多线脊褶蛤　*Myophoria*（*Costatoria*）*submultistriata* Chen

（图版4，5、6）

壳中等，长大于高，后壳顶脊清楚，后壳面陡、光滑，壳面主区第一级射脊强，12～14条，在前部壳面仅2～3条短射脊，外脊前有些放射脊间插入细的放射线，伸至中部，放射脊间的凹曲较宽平，间距相等，宽度约为射脊的2倍，同心线弱。

产地层位　远安县王家冲；中三叠统巴东组。

珠蚌科　Unionidae Fleming，1828

珠蚌属　*Unio* Philipsson，1788

卵形至长形，前圆，后部伸长，具后壳顶脊；壳顶饰有锯齿状褶脊或由双沟状排列的两列瘤组成；假异齿型铰齿：$\frac{(5a)—3a—(1)—(3b)—}{—4a—2a—2b—4b}$，其中（5a）、（1）很小或无，（2a）、（3a）、（4a）齿面常皱裂成小锯齿状的小沟脊。

分布与时代　亚洲、欧洲、北美洲、非洲；晚三叠世—现代。

云南珠蚌　*Unio yunnanensis* Ma

（图版4，7）

壳中等，横四边形，壳顶位于前端；后部较宽，后端截切状；双沟状壳顶饰发育，由8～9条W形脊组成，在后壳顶脊处呈尖端向下指的V形。与原种型相比，本种W形同心脊稍多，且不限于壳顶区，并在壳顶脊处呈尖顶向下指的V形。

产地层位　大冶市金山店；中侏罗统花家湖组。

裸珠蚌属　*Psilunio* Stefanescu，1896

壳体凸曲甚剧，前圆，后端狭圆并呈角状；与珠蚌相比，铰齿较扁，中央主齿（1）消失，前方主齿增厚并后斜，（5a）发育不显，（2a）、（2b）排列在近一直线上，后方假主齿左二右一，齿与齿窝均有深沟与棱脊，前闭肌痕深。

分布与时代　亚洲、欧洲；侏罗纪—现代。

赵氏裸珠蚌 *Psilunio chaoi*（Grabau）

（图版4,8）

壳中等大小,椭圆形至梯形轮廓；后腹角略有斜伸,前端微显翘鼻状,小月面略显；后壳顶脊在下部较显著；壳顶明显靠前,壳顶区膨凸度较大。

产地层位 秭归县香溪；中侏罗统千佛崖组。

球三角裸珠蚌 *Psilunio globitriangularis*（Ku）

（图版4,9、10）

壳中等,圆三角形,穹凸,后背缘斜,后腹角显著斜伸,前缘较短,前背端略呈翘鼻状；壳顶区凸度最大,耸突,小月面凹陷显著,后壳顶脊发育,自后壳顶脊向后壳面的转曲陡,壳嘴前转明显。未成年个体基本为球三角状。

产地层位 秭归县香溪；中侏罗统千佛崖组。

中国裸珠蚌（亲近种） *Psilunio* aff. *sinensis* Ku

（图版4,11）

壳中等大小,近方圆形,后腹角不显；后壳顶脊圆而略显；前端突出或微显翘鼻状；壳顶区膨凸度大；壳顶前凹曲明显,壳面同心线发育。当前标本后腹角不显,前端突出或微显翘鼻状,与原种不同。

产地层位 当阳市清溪；中侏罗统花家湖组。

丽蚌属 *Lamprotula* Simpson,1900

中等至大,厚重,壳顶饰同心形或V形,壳面除同心饰外,常有瘤状或褶脊状突起,后壳面具斜放射脊；铰板宽厚,右壳3枚前假主齿成放射状,最前者小,中央强,后者短；后部片状齿一；具前后闭肌痕及小足肌痕。

分布与时代 亚洲、欧洲；中侏罗世—现代。

始丽蚌亚属 *Lamprotula*（*Eolamprotula*）Ku,1962

中后部壳面饰瘤或饰脊常成V形图案,位于后背部之前,壳顶不在前背端或距前背端较远,前假主齿（4a）等后斜。

分布与时代 亚洲、欧洲；中侏罗世—现代。

克氏始丽蚌 *Lamprotula*（*Eolamprotula*）*cremeri*（Frech）

（图版4,12、13）

壳近椭圆形,壳顶靠前,壳面饰有瘤状突起,前腹部仅有同心饰；成年个体后背部瘤饰排列成人形，断续相连，右壳前假主齿3枚，中央者最发育，并裂成放射状小棱脊，后部片状齿一；左壳前假主齿二，（4a）微前倾，（2a）斜长的狭三角锥状，两者交成很宽的钝角。

产地层位　秭归县香溪；中侏罗统千佛崖组。

近方形始丽蚌　*Lamprotula*（*Eolamprotula*）*subquadrata* Ku

（图版4，14）

本种与*L.*（*E.*）*cremeri*（Frech）的区别为：壳近方圆形，壳高微大于或接近于壳长；未成年的壳形也近方圆形；后壳面有斜放射脊约15条。

产地层位　荆门市烟灯；中侏罗统千佛崖组。

楔蚌属　*Cuneopsis* Simpson，1900

壳较强厚，楔形，无显著后壳顶脊，壳顶饰为倒“人”字形或放射状带瘤的褶脊，壳面同心线较粗；右壳顶下前假主齿（4a）短狭片状，（2a）斜三角锥状，齿面也有小钩棱，右壳后片状齿一；外套湾浅。

分布与时代　亚洲、非洲；晚三叠世（？），侏罗纪—现代。

四川楔蚌　*Cuneopsis sichuanensis* Ku，Ma et Lan

（图版4，15）

本种与*C. Johannisboehmi*（Frech）的区别是：横长的卵三角形轮廓，长高比略大，最大壳高位于壳长的前1/3～1/4处，壳面没有斜向后下方的凹陷，腹缘轮廓也没有相应的凹入；壳顶位于壳长的前端1/5左右，壳顶饰的褶脊较细狭。

产地层位　当阳市大庙；中侏罗统花家湖组。

厚心蛤科　Pachycardiidae Cox，1961

蚌形蛤属　*Unionites* Wissmann，1841

壳中等，卵形或梯形，小月面和盾纹面出现或缺失，每壳一假主齿，通常弱，不定形；前部片状齿常缺失，两壳后部片状齿弱而长。有些种前闭肌痕的后边有弱的撑铰器，壳面较光滑。

分布与时代　亚洲、欧洲、北美洲、大洋洲；三叠纪。

群居蚌形蛤　*Unionites gregareus*（Quenstedt）

（图版4，16）

壳小，长方形，膨凸；壳长约为壳高的2倍；后壳顶脊自壳顶伸到后腹角，后壳顶坡三角形，壳面饰有细的同心生长线。

产地层位　远安县王家冲；中三叠统巴东组。

假铰蚌属　*Pseudocardinia* Martinson, 1959

壳前部短，后部向后下方伸展，小月面及壳顶前凹曲较显著，具后壳顶脊，后壳面扁凹；壳嘴前转内曲，壳面有同心饰；右壳前后片状齿各二，左壳各一，均发生在壳顶。具前后闭肌痕和一足肌痕。

分布与时代　亚洲；侏罗纪（中侏罗世最繁盛）。

布西木假铰蚌　*Pseudocardinia busimensis*（Lebedev）

（图版5，1）

壳较小，最长达25mm，圆梯形，后背角约120°，后腹角略伸出，约80°，后缘较前缘长，后缘上部略截切；后壳顶脊不很显著；壳顶宽高，壳嘴前转。湖北标本较西伯利亚原种型小，膨凸度也较小。

产地层位　赤壁市车埠；中侏罗统花家湖组。

椭圆假铰蚌　*Pseudocardinia elliptica* Kolesnikov

（图版5，2、3）

壳较小，椭圆形，高长比0.7～0.8，后背角微有表现，后腹角宽圆；相当膨凸，膨度约占壳长1/2，壳顶区最为膨凸，自壳顶至后腹角有脊状隆起，壳顶位置在壳长的前方1/2～1/3。

产地层位　大冶市金山店；中侏罗统花家湖组。

长假铰蚌　*Pseudocardinia elongata* Martinson

（图版5，4）

壳较小，尖卵形，前端短圆，后端尖缩，后背缘长直，后缘很短，后腹角圆锐，很膨凸，最大凸度在壳顶区，前背部和后背部均陡，后壳顶脊略显，壳顶宽耸，位于壳长的前方1/3处。

产地层位　大冶市金山店；中侏罗统花家湖组。

湖北假铰蚌　*Pseudocardinia hubeiensis*（Grabau）

（图版5，5、6）

长卵形或长方状椭圆形，高长比小于0.7，后缘上部略截切，后腹角不很伸出，颇膨凸，中上部最膨凸，最大曲度在壳顶部及略下部位，后壳顶脊尚显著；后壳面曲度较小，壳顶宽突而斜。

产地层位　秭归县香溪、赤壁市洪水铺等；中侏罗统千佛崖组。

卡地假铰蚌 *Pseudocardinia khadjakalanensis*（Chernyshev）

（图版5，7）

壳较小，较狭的横长卵形或横三角状椭圆形，后部略缩狭，相当伸展；后缘上部略截切，后腹角圆锐，微伸；很膨凸，最膨凸处位壳顶后，后壳顶脊不显著；壳顶小，尖耸，位前端壳长1/5处或稍前，同心线较细。

产地层位 赤壁市车埠；中侏罗统千佛崖组。

归州假铰蚌 *Pseudocardinia kweichowensis*（Grabau）

（图版5，8、9）

壳略小，斜圆三角形，甚至有些近于菱椭圆形，高长比约0.7；后背缘较直长，后端狭，后缘短；壳相当膨凸，在中上部最为膨凸，其后壳顶脊显现；壳顶耸突，距前端约为壳长的1/3或更前。

产地层位 秭归县香溪；中侏罗统千佛崖组。

卵圆假铰蚌 *Pseudocardinia ovalis* Martinson

（图版5，10、11）

壳卵圆形或斜圆三角形，前宽，后端狭而斜，后腹角斜伸约75°～80°；膨凸，壳顶低而宽，位于壳长的前端1/4～1/3处，壳顶区同心饰略翘起。未成年前壳形轮廓接近菱形。

产地层位 当阳市清溪、赤壁市车埠；中侏罗统花家湖组。

半大假铰蚌 *Pseudocardinia submagna* Martinson

（图版5，12）

壳椭圆三角形，前短，后部有些斜伸；腹缘长，近于直，后背缘圆弧形，后腹角圆锐，65°～70°，膨凸，后壳面扁平，与后壳顶脊前的壳面正交；后壳顶脊发育，伸达后腹角，壳顶宽高、耸出。

产地层位 赤壁市车埠；中侏罗统花家湖组。

四边形假铰蚌 *Pseudocardinia tetragonalis*（Lebedev）

（图版5，13）

壳较小，圆四边形，高与长之比小于0.7，前部显著伸出，前背缘凹曲，后腹缘方圆，无明显后腹角；很膨凸，膨凸度约为壳长的2/3；最膨凸处在中上部，后壳顶脊自壳顶区伸达后腹端，壳顶位置近中部。

产地层位 大冶市金山店；中侏罗统花家湖组。

大肚假铰蚌　*Pseudocardinia ventricosa* Kolesnikov

（图版5，14）

壳心状圆三角形，高长比为0.8，腹缘凸圆，后腹角不显，后壳顶脊很不显著，壳顶宽耸。本种后壳顶脊与后腹角不显和心状圆三角形轮廓，可区别于其他种。

产地层位　大冶市金山店；中侏罗统花家湖组。

扬子假铰蚌　*Pseudocardinia yangziensis* Ku

（图版5，15）

壳斜方圆形，长略大于高，后壳顶脊不很显著，但在壳顶区明显地隆起，最大凸度在壳顶部及中部，后壳面扁凹，后腹角圆，不伸出。

产地层位　秭归县香溪；中侏罗统千佛崖组。

珍珠蚌科　Margaritiferidae Haas，1940

珍珠蚌属　*Margaritifera* Schumacher，1816

壳大而厚，相当伸长，有壳顶饰时为双钩状，有宽圆的后壳顶隆起，左壳前假主齿二，右壳一，齿上小沟棱不深；后部片状齿大多粗而较短；前闭肌痕深，后方有撑铰器，后闭肌痕较大、较浅。

分布与时代　亚洲、欧洲、北美洲、非洲；晚三叠世（？）、侏罗纪—现代。

依斯法珍珠蚌　*Margaritifera isfarensis*（Chernyshev）

（图版5，16）

壳长而大，前端略伸而凸圆，铰缘略曲，腹缘中部内凹宽，后腹端圆；相当膨凸，后壳顶脊低圆不显，壳嘴前转低伏，位于壳长的前端1/5。

产地层位　大冶市金山店；中侏罗统花家湖组。

异齿目　Heterodonta Neumayr，1884

铰蛤科　Cardiniidae Zittel，1881

美铰蛤属　*Cypricardinia* Hall，1859

壳近卵形或近菱形。前部短而圆，后部宽而长，略具截切状，右壳较左壳穹，壳顶坡明显。同心层强，其间可有同心线和放射线。前闭肌痕小，后闭肌痕大。铰齿齿式：

$$\frac{(\text{AIII}—3\text{a})—3\text{b}—5\text{b}—\text{PI}—\text{PIII}}{(\text{AIV})—\text{AII}—2—4\text{b}—\text{PII}}$$

分布与时代　世界各地；奥陶纪—泥盆纪。

平行美铰蛤　*Cypricardinia parallela*（Hsü）

（图版1,14、15）

壳小,短长方形,长高比约3∶2。前端钝圆,后缘与铰缘交角约130°;铰缘直,约为壳长的2/3,并与腹缘平行。壳体中部微膨凸,后背部平。壳顶钝圆,约位于前部壳长的1/3处,壳面有宽同心褶,其上有细同心线。

产地层位　宜昌市;下奥陶统南津关组。

三角美铰蛤　*Cypricardinia trigona* Liu

（图版1,16）

壳中等大小,三角形。壳顶不明显,位前端。壳面发育5～6层强而宽的台阶状同心褶,其上并有细的同心线。

产地层位　宣恩县黄竹槽;下奥陶统南津关组。

宣恩美铰蛤　*Cypricardinia xuanenensis* Zhang

（图版1,17、18）

壳小,斜长形,长高比约5∶3,前部窄圆,后部宽,后部壳高为前部壳高的2倍以上,后缘略呈截切状,腹缘宽弧形,中部略向内曲;壳顶位前1/4部处,自壳顶至前腹缘有一明显的凹陷。壳面有同心褶约20条,褶间距近等,其上具细同心线。

产地层位　宣恩县两河口;志留系兰多弗里统。

美铰蛤（未定种）　*Cypricardinia* sp.

（图版1,19）

壳中等大小,椭圆形;前端窄,向后逐渐放宽,后端高,后缘略呈截切状;铰缘近直,与后缘以宽圆弧相连;腹缘宽弧形,前中部略内凹;壳顶位前部1/3处,不突出,自壳顶至前腹部的凹陷不明显;壳面具粗同心线。

产地层位　通山县;志留系兰多弗里统。

科未定　Family indet.

图土蚬属　*Tutuella* Ragozin,1938

壳小,呈圆形、梯形、肾形至椭圆形,后端一般比前端高;后腹角略向后方伸展;壳顶较大,较靠前;具后壳顶脊,壳面有细同心壳饰,右壳前后各有二侧齿,左壳各一,主齿不明。

分布与时代　中国、苏联;晚三叠世—侏罗纪(中侏罗世最繁盛)。

圆形图土蚬　*Tutuella rotunda* Ragozin

（图版5,17）

壳近圆形,后腹角常略伸出,铰缘弯曲,其长小于壳长的1/2;膨凸,保存良好时可见较清楚的后壳顶脊;壳顶大,位近中央靠前,微突于铰缘之上;壳而有细同心线和少数同心圈。

产地层位　武汉市江夏区马鞍山;中侏罗统花家湖组。

新栉齿目　Neotaxodonta Korobkov,1954

曲齿蚶科　Cyrtodontidae Ulrich,1894

曲齿蚶属　*Cyrtodonta* Billings,1858

壳卵圆形,壳顶突出,内曲,常在距壳长1/3的前端;有同心饰,韧带区狭而不显,铰板强而不宽,前部有2～4枚弯曲的齿,后部有2～3枚侧齿状铰齿,强而长;无外套湾。

分布与时代　亚洲、欧洲、北美洲;奥陶纪—泥盆纪。

斜卵曲齿蚶（亲近种）　*Cyrtodonta* aff.　*billingsi* Ulrich

（图版1,21）

壳斜卵圆形,壳顶位于约壳长的前方1/3处;壳顶前凹陷相当显著。该标本比*C.billingsi*微窄,其前坡稍陡而显著,后腹端更发育。

产地层位　秭归县新滩;下—中奥陶统大湾组。

曲齿蚶（未定种）　*Cyrtodonta* sp.

（图版2,3、4）

壳中等,椭圆形,前斜;壳顶宽大,甚突出,位于铰缘前部;后背缘直;前后缘近直、且大体平行,腹缘圆;壳体相当穹凸,有一不明显的壳顶脊,其右上方的后壳面较扁平;壳面有细同心线。

产地层位　宣恩县两河口;志留系兰多弗里统。

并齿蚶科　Parallelodontidae Dall,1898

并齿蚶属　*Parallelodon* Meek et Worthen,1866

壳近四边形;前缘上部多与背缘垂直,背缘常与腹缘近于平行;壳面具同心状及放射状纹饰,外韧带两韧式,铰缘前端有几个小齿,后端有2～4个片状齿,前后闭肌痕均发育。

分布与时代　世界各地;奥陶纪—侏罗纪。

湖北并齿蚶 *Parallelodon hubeiensis* Zhang

（图版2,9）

壳呈横长的四方形,长为高的2.5倍,壳顶宽平,后缘直,呈截切状,与背缘交角约145°;后腹角钝圆不延伸;自壳顶至前腹部的壳面凹陷清楚,后壳顶脊浑圆,后壳面扁平,且具同心线,壳面具同心线及不发育的同心层,放射线细密,常为同心饰截断。

产地层位 利川市齐岳山;二叠系乐平统吴家坪组。

弱齿目 Dysodonta Neumayr,1883

翼蛤科 Pteriidae Gray,1847

弓翼蛤属 *Arcavicula* Cox,1964

壳小,略不等壳,尖锐至钝圆的弓弧形壳体,前耳不可分辨,后耳钝而明显可辨,壳面光滑或有放射线。

分布与时代 亚洲、欧洲;中—晚三叠世。

卷弓翼蛤 *Arcavicula arcuata*（Munster）

（图版5,18）

壳甚小,很不等侧,壳顶向前突出,壳体的最膨凸部分是从壳顶伸至后腹缘的弓弧形脊状处,壳面有很细而不易看出的同心线。此标本高长之比稍小于原种型。

产地层位 远安县王家冲;中三叠统巴东组。

羽蛤科 Pterineidae Miller,1877

褶翼蛤属 *Ptychopteria* Hall,1883

壳前斜较强,两耳发育。左壳凸,右壳平或凹;齿型变化多,铰齿呈射齿型,后部片状齿并齿型。前闭肌痕位于耳部,或具撑肌板。左壳放射饰甚发育,右壳放射饰退化或发育于耳部以外的壳面。

分布与时代 世界各地;志留纪—二叠纪。

射翼蛤亚属 *Ptychopteria*（*Actinopteria*）Hall,1884

本亚属以其叶状前耳区别于*P.*（*Ptychopteria*）,后者前耳末端截切形。

分布与时代 世界各地;志留纪—二叠纪。

湖北射翼蛤 *Ptychopteria*（*Actinopteria*）*hubeiensis* Zhang

（图版2,1、2）

壳中等,横长,长大于高,前斜;前耳半圆形,较低平,有一明显的沟与壳体分开,其上仅同心饰；后耳大，三角形，末端稍尖，其下边向内凹曲，后耳分化明显；左壳面均匀分布两级放射线，与同心线构成四方形网格。

产地层位　宣恩县两河口；志留系兰多弗里统纱帽组。

贝荚蛤科　Bakevelliidae King，1850

东和翼蛤属　*Towapteria* Nakazawa et Newell，1968

壳翼蛤形。左壳前部无叶状耳，壳面有强放射脊；右壳面有较宽而弱的放射脊和同心饰，前耳叶状；有1枚或2枚短主齿，每壳有1枚窄长后侧齿；复式韧带，韧带区上有数枚弱的三角形弹体窝。

分布与时代　中国、日本；二叠纪乐平世。

东和翼蛤（未定种）*Towapteria* sp.

（图版2，10）

壳小，近菱形，甚前斜，壳顶尖；前耳半圆形，褶曲，有一凹陷与壳面分开，上仅具同心线；后耳低平较大，不向后延伸，上具放射线及同心线；壳体较窄，后腹部略延伸，壳面具同心线及细密放射线，两者交成网格状。

产地层位　利川市齐岳山；二叠系乐平统吴家坪组。

贝荚蛤属　*Bakevellia* King，1848

壳翼蛤型，近等；前耳小，后耳突出成锐角，韧带区宽，通常有2～5个弹体窝，每壳前面有2枚或3枚短的小齿，后面具1～2枚片状齿，有时沿铰合区下边缘呈现锯齿状，通常为不等柱类。

分布与时代　亚洲、欧洲、北美洲；二叠纪—白垩纪。

远安贝荚蛤？　*Bakevellia*? *yuananensis* Zhang

（图版5，19、20）

壳横向延伸，长为高的2～2.5倍，甚前斜，顶轴角约25°，壳顶不突出背缘；前耳小，后耳大，较低平，耳凹很浅；自壳顶至后腹端有一明显的褶脊；铰缘直长，腹缘近直，与背缘接近平行；两耳及壳面均具同心线或弱同心褶；每壳常见1枚后片状齿。

产地层位　南漳县苍坪；上三叠统—下侏罗统王龙滩组。

类贝荚蛤属　*Bakevelloides* Tokuyama，1959

壳圆三角形，左壳有一壳面凹陷将前部与壳体隔开，韧带区宽，扁三角形或梯形，其上有几个强的弹体窝，铰板前部有放射状假栉齿；后端有2枚片状齿，壳面同心饰或有放射饰。

分布与时代　亚洲、欧洲；三叠纪—侏罗纪。

近日置类贝荚蛤 *Bakevelloides subhekiensis*（Nakazawa）

（图版5,21）

壳小，薄，四方形；外形颇似*B.hekiensis*，但本种前背端较圆，壳顶位于铰缘长的前1/4处；后耳较大，低平，壳面同心线密而规则；每壳可见2枚后部片状齿。

产地层位 南漳县苍坪；上三叠统—下侏罗统王龙滩组。

等盘蛤科 Isognomoniidae Woodring，1925

瓦根股蛤属 *Waagenoperna* Tokuyama，1959

壳大，壳菜蛤形，平，几近等壳；前耳小，后耳宽；足丝凹口显著；韧带区较背缘短；具线纹韧带沟和一组宽大于长的弹体窝；成年期无齿；前闭肌痕小，后闭肌痕大而弱；壳两具同心线。

分布与时代 亚洲、欧洲；二叠纪乐平世—晚三叠世。

三角瓦根股蛤（相似种）

Waagenoperna cf. *triangularis*（Kobayashi et Ichikawa）

（图版5,22）

壳中等至大，较平，近四边形；壳顶尖，位背缘前端；前缘直，后腹缘浑圆；前耳不发育，后耳宽，分化不明显；壳面仅同心纹饰。当前的标本呈四边形轮廓，前耳不发育，与原种型不同。

产地层位 远安县晓坪；上三叠统—下侏罗统王龙滩组。

海扇科 Pectinidae Rafinesque，1815

弱海扇属 *Leptochondria* Bittner，1891

壳盘形，小，两侧相等，左壳膨凸，右壳平，左壳前耳大，右前耳下有深的足丝凹口，壳面放射脊细而不规则，铰合区宽低，其中央为不明显的宽三角形弹体窝。

分布与时代 亚洲、欧洲；二叠纪乐平世—三叠纪。

利川弱海扇？ *Leptochondria*? *lichuanensis* Zhang

（图版2,11）

壳很小，盘形，略前斜，近等侧，壳长大于壳高；壳顶近中央，略超出背缘；两耳近相等，上无放射饰，与壳面易分开；背缘直而长，约为壳高的2/3；左壳有二级间生放射脊，射脊间距宽，前部射脊较弱；同心线覆于全壳。

产地层位 利川市齐岳山；二叠系乐平统吴家坪组。

均匀弱海扇　*Leptochondria albertii*（Goldfuss）

（图版5，24）

壳中等大小，近卵形，壳顶略突出铰缘；两耳扁平，与壳体无明显分界，左前耳大，它的前边缘稍弯曲，两耳末端不尖；壳面具清楚的粗圆放射脊和同心线，放射脊至少三级，有间生的放射线，同心线没有使放射脊中断。

产地层位　利川市后河二夹槽；下—中三叠统嘉陵江组。

套海扇属　*Chlamys* Bösing，1798

海扇形，两壳近等，很膨凸，右前耳较大而伸出，足丝凹口发育、深，并有丝梳；后耳小，其后边截切状；放射壳饰发育，同心线常成覆瓦状，或有刺。

分布与时代　世界各地；三叠纪—现代。

远安套海扇　*Chlamys yuananensis*（Hsü）

（图版5，23）

左壳相当膨凸，前耳微大于后耳，几近相等；壳面约有13条粗细不等的放射脊，脊间还有2条以上更细的放射脊，中部有的放射脊略显束状；前后两侧的放射脊很不明显；同心脊少而明显，有极细的与壳边近于正交的线纹，并为同心脊所截断。

产地层位　远安县两河口；中三叠统巴东组。

羽海扇科　Pterinopectinidae Newell，1938

羽海扇属　*Pterinopecten* Hall，1883

壳纵延，近四方形，前斜。铰缘略短于壳长。后背角钝，壳顶脊低而不明显，壳顶角100°或更大。耳凹弱，以左壳前耳凹最显著。壳面均具同心线及间生的放射脊。韧带区具“人”槽。

分布与时代　世界各地；志留纪兰多弗里世—泥盆纪。

咸宁羽海扇　*Pterinopecten xianningensis* Zhang

（图版1，20）

壳中等，微前斜，四方形，壳长大于壳高；前耳较小，三角形，末端尖，分化不明显；后耳大，耳下边向内凹曲，末端不尖，与壳体分界较显；铰缘直长，小于壳体最大长度；壳面有同心线及不明显的放射线。

产地层位　咸安区学堂胡；志留系兰多弗里统坟头组。

梳海扇科 Euchondriidae Newell, 1938

梳海扇属 *Euchondria Meek*, 1874

壳明显前斜，后腹端略延伸，背缘短于壳长；左壳具间隔较宽的间生式放射脊，同心层规则；右壳凸度较小，光滑或具不明显的同心层；韧带区除壳嘴下具三角形及一列长方形的弹体窝。

分布与时代 世界各地；石炭纪—二叠纪。

梳海扇（未定种） *Euchondria* sp.

（图版2，12）

壳大，长与高相等，略前斜；两耳大，前耳三角形，上具放射脊，同心线在射脊上形成小瘤，后耳三角形，末端尖，耳凹较显，其上仅有同心线；左壳不膨凸，壳面二级间生射脊粗，浑圆，各级射棱几近等粗，同心饰细。

产地层位 建始县磺厂坪；二叠系阳新统茅口组。

锯海扇属 *Crenipecten* Hall, 1883

壳小至中等，等壳，后斜或不斜，两耳相等或前耳略长，铰合构造基本同梳海扇属，但壳嘴下三角形弹体窝缺失，壳面光滑或具同心饰和放射饰。

分布与时代 亚洲、欧洲、北美洲；泥盆纪—二叠纪。

细弱锯海扇 *Crenipecten exilis* Liu

（图版2，13）

壳小，穹凸不强，近圆，壳顶位近中央，略超出背缘；前耳长；右壳足丝凹口明显；壳面同心线细而弱；沿背缘发育细而密的梳状弹体窝一列。与原种型相比，描述的标本凸度较小。

产地层位 利川市齐岳山；二叠系乐平统吴家坪组。

燕海扇科 Aviculopectinidae Meek et Hayden, 1864

燕海扇属 *Aviculopecten* M'Coy, 1851

壳不斜或微前斜，左壳膨凸，具细而多的间生放射脊，同心线弱或不显；右壳平或微凸，放射脊分叉式；后耳等于或略长于前耳，耳部放射脊均为间生式，铰合区平狭，两壳嘴下具一个三角形弹体窝。

分布与时代 世界各地；石炭纪—二叠纪。

交褶燕海扇 *Aviculopecten alternatoplicatus* Chao

（图版3，1）

壳小，近圆形，长高约相等，中等膨凸；两耳近等，前耳耳凹清楚，后耳扁平；壳面饰有间距颇宽的放射脊，首级始于壳顶区，第二级于壳体近中部开始插入，强度略差，近腹缘处或有更次一级的放射线，耳部也有弱放射线。

产地层位 黄梅县兔子山；上石炭统。

束棱燕海扇？ *Aviculopecten? fasciculicostatus* Liu

（图版3，2）

壳中等，前斜或不斜，后腹端略延伸；壳面具粗细射褶各约10条，每条粗射褶于壳下部分化为3～7条细的射棱束，同心线密而规则，放射脊上有小突起或微成刺状，两耳分化明显，前耳略弯，具6～10条射脊，后耳约13条，共二级。

产地层位 来凤县川箭河；二叠系乐平统下部。

早坂海扇属 *Hayasakapecten* Nakazawa et Newell，1968

壳形似燕海扇，不斜，左壳较右壳略膨凸，壳长等于或略大于壳高，后耳略大于前耳；左右壳均具简单放射脊，同心饰在射脊上呈鳞片状或结节，在脊间下伸为刺，具三角形弹体窝。

分布与时代 中国、日本；二叠纪阳新世。

清水早坂海扇 *Hayasakapecten shimizui* Nakazawa et Newell

（图版3，3、4）

壳较小，圆形，顶轴角80°～90°，后耳略大于前耳，前耳具放射脊7条，后耳15条；壳面放射棱脊简单，宽平，在发育过程中不再增生，共24条，射脊上有少许瘤粒，壳顶下有中央弹体窝。

产地层位 黄梅县狮子山；二叠系阳新统茅口组。

裙海扇属 *Limipecten* Girty，1904

海扇式壳形，不斜，左右壳均具间生式放射饰，同心层明显，在射脊间向腹部凸曲成短刺，在棱脊上则向背部凹曲，构成裙边式图纹，但右壳较细弱；两耳近等，具间生放射线或同心状突起，韧带区构造同燕海扇。

分布与时代 世界各地；石炭纪—二叠纪。

湖北裙海扇？ *Limipecten*？ *hubeiensis* Zhang

（图版3,5）

壳大,不斜；两耳近等,三角形,耳凹不明显,前耳足丝凹口深而宽,上具放射脊；右壳面的放射脊间生式增长,共三级,第三级射脊从中部以下开始,同心层发育,放射脊上形成向下凸出的鳞片状突起或刺状突起；放射脊间沟内向上凸起。

产地层位 来凤县川箭河；二叠系乐平统。

湖南海扇属 *Hunanopecten* Zhang,1977

壳小至中等,卵圆形；不斜或略前斜,近等壳,左壳较右壳膨凸,左壳足丝凹口深；左右两壳及两耳均具同心线。每壳壳顶前后各具2枚片状齿,壳顶下具一个三角形弹体窝。

分布与时代 中国南部；二叠纪乐平世。

细弱湖南海扇 *Hunanopecten exilis* Zhang

（图版3,6）

壳小,圆形,长高相等或长略大于高,右壳不斜或微前斜,左壳前斜,壳顶位较缘中央；左壳两耳近等,右壳前耳较圆,足丝凹口深而宽；两壳耳部均覆有细同心线,每壳壳顶前后各具2枚片状齿,壳顶下各有一个三角形弹体窝。

产地层位 咸丰县；二叠系乐平统大隆组。

正海扇属 *Eumorphotis* Bittner,1901

壳较正或微前斜,通常长大于高,不等壳,左壳膨凸,右壳扁平,两耳发育,后耳较大；右前耳下足丝凹口明显,耳凹发育；韧带区狭,其上有微细而近束状的水平条纹；韧带槽浅而倾斜；放射线简单至复杂。

分布与时代 亚洲、欧洲、美洲；三叠纪（早三叠世最繁盛）。

威烈正海扇 *Eumorphotis venetiana*（Hauer）

（图版5,25）

壳长圆形,左壳中等膨凸,前耳尖角状,略凸,耳凹清楚；后耳大,后缘弧形,壳面放射线粗,尤以前耳更为清晰。与原种型相比,当前标本前耳呈尖角状,壳面仅为二级射脊。

产地层位 利川市齐岳山；下三叠统大冶组。

麻生海扇亚属 *Eumorphotis*（*Asoella*）Tokuyama,1959

本亚属以较退化的两耳,长高近于相等,较小和更宽凸的轮廓及显著的壳顶等特征,区别于狭义的正海扇亚属 *Eumorphotis* s.s.,后一亚属壳长大于壳高,中等至较大,两耳较发达。

分布与时代　亚洲、欧洲等；三叠纪（以中—晚三叠世最多）。

湖北麻生海扇　*Eumorphotis*（*Asoella*）*hupehica* Hsü

（图版5，26）

壳小，近圆形，膨凸很强；壳顶强凸，位置近中，前耳小，与壳体分界明显，后耳较大，与壳体无清楚界线；壳面具二级细放射脊，数目众多，同心壳饰不显。

产地层位　远安县王家冲；中三叠统巴东组。

琴式麻生海扇　*Eumorphotis*（*Asoella*）*illyrica*（Bittner）

（图版5，27、28）

壳纵卵形，铰线直，约为壳长的3/4，壳顶略前，稍突出于铰线之上，前耳小，后耳大，与壳体没有清楚的界线，壳面放射线和同心线清楚，具不规则的放射脊三级至五六级，同心线甚弱。较原种型个体小，放射脊的级数也少。

产地层位　利川市及远安县王家冲；中三叠统巴东组。

琴式麻生海扇厚线亚种　*Eumorphotis*（*Asoella*）*illyrica crassistriata*（Hsü）

（图版5，29）

壳小，放射脊稀，脊间沟甚宽，在近腹缘处每毫米内仅1条放射脊，很少有2条。原种型在每毫米之间具放射脊约4条，可区别于本亚种。

产地层位　远安县王家冲；中三叠统巴东组。

亚琴式麻生海扇　*Eumorphotis*（*Asoella*）*subillyrica* Hsü

（图版6，1、2）

壳圆形，铰线直，略短于壳长，壳顶位于铰缘前方1/3处，很少突出在铰缘之上；前耳小，与膨凸的壳面没有清楚的界线，后耳甚大；壳面具许多放射线和细的同心线，放射线可分三级，排列较规则，同心线十分细，尤其在前耳区域。

产地层位　远安县王家冲；中三叠统巴东组。

扭海扇科　Streblochondriidae Newell，1938

扭翼海扇属　*Streblopteria* M'Coy，1851

本属与*Streblochondria*的区别是，后耳分化不明显，后背角成钝角，等于或长于前耳，壳面光滑。

分布与时代　世界各地；石炭纪—二叠纪。

扭翼海扇(未定种) *Streblopteria* sp.

（图版3,7）

壳大,纵卵形,壳高略大于壳长,不斜,两侧近等,前后耳三角形,末端钝,分化不好,前耳有一很浅的耳凹,后耳稍长;前后壳缘宽平弧形,腹缘圆,左壳于中部较膨凸,壳面及两耳仅具同心线。

产地层位 大冶市灵乡谭家桥;二叠系阳新统茅口组。

贵州海扇属 *Guizhoupecten* Chen,1962

壳呈扭海扇形,后斜;放射脊发育,左壳间生,右壳分叉,后部放射脊减弱;前耳长约为后耳的2倍,足丝凹口狭而清晰;左壳铰合区具后斜的三角形弹体窝,其前后各具一放射凹沟。

分布与时代 亚洲、北美洲;二叠纪。

王氏贵州海扇 *Guizhoupecten wangi* Chen

（图版3,8）

壳大,壳顶褶曲宽圆,壳顶角约100°,两耳长方形,前耳长约为后耳的2倍;左壳具粗而扁平的间生放射脊约30条,2～3级不等;右壳放射脊二或三分叉,共约30条,初级射脊可具刺状突起,前耳具4条放射脊。

产地层位 恩施市铁矿坝;二叠系乐平统。

假髻蛤科 Pseudomonotidae Newell,1938

假髻蛤属 *Pseudomonotis* Beyrich,1862

燕海扇形,两壳放射脊均以间生式增长;成年个体的缩足肌退化,足丝凹口退化或缺失,多数种壳形变化是:自最初的前斜壳形,通过不斜与后斜壳形阶段,于完全成熟时期又回复至前斜轮廓。

分布与时代 亚洲、欧洲、北美洲;石炭纪—二叠纪。

蒙古假髻蛤 *Pseudomonotis mongoliensis*(Grabau)

（图版3,9）

壳大,壳顶部甚为凸曲,左壳前后曲度甚陡,中部很凸,壳面放射饰发育,初级射脊强而圆,8～10条,上有瘤状突起。

产地层位 利川市齐岳山;二叠系乐平统吴家坪组。

克氏蛤属 *Claraia* Bittner,1901

近圆形,前斜或偶近不斜;不等壳,左壳较凸,壳顶位前端,壳面有同心线或放射线;后耳较大,与壳顶部分界不甚明显;前耳小而发育或缺失;右壳扁平,前耳下足丝凹口显著,铰缘短直。

分布与时代 亚洲、欧洲、美洲、大洋洲;早三叠世。

同心克氏蛤 *Claraia concentrica*(Yabe)

(图版6,3)

壳纵卵形,纵向延伸,不斜,前铰缘短,左前耳不很发育,狭的右前耳之下有一极深的足丝凹口,壳面有清楚而规则的细同心线14条,5mm的间距内约有7条。

产地层位 利川市齐岳山;下三叠统大冶组。

格氏克氏蛤 *Claraia griesbachi*(Bittner)

(图版6,4)

壳中等大小,稍倾斜,两侧甚不等,左壳顶区域膨凸最显,其余壳面则较平,壳嘴显著地高耸在铰缘之上;左壳前耳颇不发育,而右壳前耳十分清楚,足丝凹口清晰,壳面同心线微弱不显,无放射饰。

产地层位 建始县磺厂坪;下三叠统大冶组。

湖北克氏蛤 *Claraia hubeiensis* Chen

(图版6,5、6)

壳横向延长,倾斜颇显;左壳顶宽凸,右壳顶平;铰缘直,约为壳长的5/8;右前耳小,其下有深而狭并向上斜的足丝凹口;左后耳大,但与壳体分界不显,壳面具清楚而细密的同心线,5mm间距内约有11条。

产地层位 武穴市荞麦塘;下三叠统大冶组。

放射克氏蛤 *Claraia radialis* Leonardi

(图版6,7)

壳近圆形,铰缘短直,壳顶钝圆,突出在铰缘之上,后耳与壳体间发育微弱的凹沟,分界颇显;放射脊强,主要分布在壳体中部,后背部和前部则有许多强而不规则的同心线或圈,它们在中部减弱。

产地层位 武穴市;下三叠统大冶组。

射饰克氏蛤 *Claraia stachei*（Bitther）

（图版6，8）

左壳稍比右壳膨凸，后耳颇大，但与壳体无明显分界，其上无放射脊；右前耳小而明显，足丝凹口清晰，凹口宽度约与前耳宽度相等，壳面放射脊发育均匀，30～40条，在壳中部发育最强，同心线细，在前后两耳区域显著。

产地层位 武穴市；下三叠统大冶组。

王氏克氏蛤 *Claraia wangi*（Patte）

（图版6，9、10）

壳圆形，右壳前耳小而尚显，与壳体非常靠近，因而足丝凹口不甚清晰，铰缘直而短，壳面具极细而均匀的同心线，无放射线。

产地层位 湖北东部和西部；下三叠统大冶组底部。

海浪蛤科 Posidoniidae Frech，1909

海浪蛤属 *Posidonia* Bronn，1828

壳卵形或近圆形，稍倾斜，壳顶小，位近中部；后耳扁平，幼年期出现足丝凹口，壳面有同心线或弱放射线；铰缘短直，无齿，韧带狭三角形，为斜的箱蚶式韧带，前闭肌痕小，后闭肌痕卵形。

分布与时代 亚洲、欧洲、美洲；泥盆纪—侏罗纪。

海浪蛤（未定种） *Posidonia* sp.

（图版3，10）

壳小，强前斜，梯形轮廓；壳顶位前端，铰缘直、短，后缘直、斜，与铰缘交角约140°，前缘直、斜，腹缘弧形，与后缘呈直角相交；左壳不膨凸，壳面具不规则的同心褶。

产地层位 鹤峰县金鸡口；二叠系乐平统吴家坪组。

光海扇科 Entoliidae Korobkov，1960

股海扇属 *Pernopecten* Winchell，1865

壳圆，前斜或不斜；右壳背缘直而平，左壳两耳超过背缘甚多；自壳顶向前后发育两条壳面凹陷；右壳铰合构造除中央三角形弹体窝外，其前后各发育一铰棱；耳棱发育，为粗的短棒状。

分布与时代 世界各地；石炭纪—二叠纪。

梨形股海扇 *Pernopecten piriformis* Liu

（图版3,11）

壳稍小,纵向梨形,高大于长,背缘甚短,两耳狭;壳顶角小于90°,壳面及两耳有同心线。与原种型相比,描述的标本壳面除同心线外,尚有不明显的射线。

产地层位 利川市齐岳山;二叠系乐平统吴家坪组。

四川股海扇 *Pernopecten sichuanensis* Liu

（图版3,12）

壳中等,略膨凸,矮圆,背缘短,约为壳长的1/2,两耳近等,稍大,三角形,耳凹狭而较强,壳顶角约100°,壳面具同心细线。壳顶之下有一个三角形弹体窝,左壳壳顶前后各有两条铰棱。

产地层位 利川市齐岳山;二叠系乐平统吴家坪组。

对称股海扇 *Pernopecten symmetricus* Newell

（图版3,13、14）

壳小,圆形,长高相等,两侧相等;前后耳三角形,末端钝;腹缘圆弧状,与直的前后缘交成不明显的角,壳面光滑。与原种型相比,湖北的标本个体较小,壳稍长。

产地层位 利川市齐岳山;二叠系乐平统吴家坪组。

光海扇属 *Entolium* Meek,1865

本属十分类似股海扇 *Pernopecten*,但壳体两边十分对称;边缘圆,不倾斜;左壳耳边圆,两耳上边突出于铰缘上的程度较小;无足丝凹口。

分布与时代 亚洲、欧洲、北美洲等;中生代。

细线光海扇圆形亚种 *Entolium tenuistriatum rotundum* Chen

（图版6,11）

圆形,壳长高近相等,膨凸,壳顶位中央,其前后两侧下落稍陡;两耳大而平,微耸起在铰缘之上;铰缘直,为壳长的1/3～1/2;壳面放射线细、密,中部混杂有分叉折曲成角状散开的饰线,同心线至腹缘处清楚。

产地层位 远安县;中三叠统巴东组。

锉蛤科 Limidae Rafinesque,1815

古锉蛤属 *Palaeolima* Hind,1903

壳较小,斜卵形,后斜,中等膨凸至稍膨凸,近于等壳,壳顶小而尖,位近背缘中央;壳面光滑或具放射饰。耳小，扁平，无足丝凹口，两壳的壳顶下各具一深的韧带槽，无齿。

分布与时代 亚洲、欧洲、北美洲、大洋洲；石炭纪—三叠纪。

微型古锉蛤 *Palaeolima minimus* Liu

（图版3，15）

壳小，不甚膨凸，前部稍长，耳短小，不明显，壳面放射脊前部宽而简单，间沟狭；后背部放射脊减弱并变细，同心线弱。与原种型相比，描述的标本不穹凸，放射线在后部不消失，后部没有同心线。

产地层位 利川市齐岳山；二叠系乐平统吴家坪组。

锉蛤属 *Lima* Bruguiere，1797

壳斜卵圆形，膨凸；壳顶凸出，壳嘴尖；前端稍张开，壳面具放射脊，同心线细密；两耳不等，无齿；韧带区三角形，有一位于中央的三角形弹体窝。

分布与时代 世界各地；三叠纪—现代。

凸锉蛤 *Lima convexa* Hsü

（图版6，12）

壳甚小，斜卵形，壳体十分膨凸，铰缘长约为壳长的3/4；前耳小，被一不明显的沟与壳体分开；后耳大，以陡的斜坡与壳顶分开；壳面具放射线和同心线。

产地层位 远安县；中三叠统巴东组。

壳菜蛤科 Mytilidae Rafinesque，1815

壳菜蛤属 *Mytilus* Linne，1758

壳呈较长的梯形，沿斜向发育，斜度超过45°，前腹缘很少膨胀，壳顶位前端，壳面无放射饰；壳顶之下时有1或2个小齿突；韧带半在外，狭而长，超过铰缘长的3/4，有时等于铰缘全长。

分布与时代 世界各地；三叠纪—现代，现生种大部分为浅海生活。

窄形壳菜蛤 *Mytilus tenuiformis* Kobayashi et Ichikawa

（图版6，13）

斜菱形轮廓，壳窄，壳顶尖端位前端，微前斜，铰缘略呈弧形，前缘在壳嘴下向内凹曲，旋即逐渐向外凸出；后缘弓形，壳面同心线发育。与原种型比，当前标本壳顶下的前缘略向内弯曲。

产地层位 远安县晓坪；上三叠统—下侏罗统王龙滩组。

偏顶蛤属　*Modiolus* Lamarck,1799

〔=*Volsella* Scopoli,1777和*Modiola*(Lamarck,1801)〕

壳莱蛤形,全壳膨凸,向腹部膨大。前上部微成耳翼状的前壳突之后,有一伸向前腹部的沟状凹曲,在腹缘与足丝凹口相合。壳顶不在最前端,具生长线或细放射线。铰线短,无铰板,成年期无齿。

分布与时代　世界各地;泥盆纪—现代。

疑问偏顶蛤　*Modiolus problematus*(Chen et Liu)

(图版6,14)

壳中等或稍小,中等倾斜,明显纵向延伸,凸度小;背缘直,前腹缘近直,足丝凹曲不显,与后缘大体平行,后缘微凸,腹缘及后腹缘圆,壳顶狭,位近前端,前壳突不发育;壳面具同心线。

产地层位　远安县黄家嘴;上三叠统—下侏罗统王龙滩组。

肌束蛤科　Myalinidae Frech,1891

肌束蛤属　*Myalina* de Koninck,1842

壳莱蛤形,壳顶位前端,通常无特别壳饰;韧带区宽,为若干粗而平行的韧带槽所横贯;右壳铰合区前端具一齿状突起,镶入左壳相应的沟内,闭肌痕异柱形,外套线由分散的小窝组成。

分布与时代　世界各地;泥盆纪—二叠纪。

肌束蛤亚属　*Myalina*(*Myalina*)de Koninck,1842

壳形不斜至后斜,后耳发育,原始种类近于等壳而显著前斜,左壳壳面常多皱脊,前壳突面上更多。进化的种不等壳,直立或后斜,发育有后耳,左壳有前叶。

分布与时代　世界各地;泥盆纪(?)、石炭纪—二叠纪。

肌束蛤(未定种)　*Myalina*(*Myalina*)sp.

(图版3,16)

壳中等,颇膨凸,背缘短,较直,后缘圆弧状,壳顶狭,其下具一较大的前壳叶;顶脊强,稍弯曲,自壳顶伸至前端,壳面具细同心线。本种壳较窄长,前缘直,背缘短,与*M.*(*M.*)*wyomingensis*(Lea)不同。

产地层位　利川市齐岳山;二叠系乐平统吴家坪组。

直肌束蛤亚属 *Myalina*（*Orthomyalina*）Newell，1942

近方形，几乎不斜，壳厚，两壳前壳突均缺失，后闭肌痕降至近后腹端。

分布与时代 亚洲、北美洲；晚石炭世—二叠纪。

直肌束蛤（未定种） *Myalina*（*Orthomyalina*）sp.

（图版3，17）

壳厚、大，略前斜；壳顶位前端，铰缘直，前缘近直，微内弯，前壳顶褶曲至前缘之坡度甚陡，壳面无饰；韧带区较宽，以一斜沟为界，上具8条横的韧带沟。因壳体下部破损，不能进一步定种。

产地层位 利川市齐岳山；二叠系乐平统吴家坪组。

小月肌束蛤属 *Selenimyalina* Newell，1942

壳强前斜至不斜，几近等壳，壳顶位前端，无前壳突，后背缘宽圆，韧带区有很多韧带沟；铰齿与肌束蛤同，但右壳的主齿及左壳的齿窝均发育在铰板上，后肌痕呈心状，壳面光滑。

分布与时代 亚洲、欧洲、北美洲；石炭纪—二叠纪。

小月肌束蛤（未定种） *Selenimyalina* sp.

（图版3，18）

壳大，肌束蛤形，壳顶尖，位前端，壳不斜，略不等壳，左壳稍凸，背缘直，前缘近直，在壳嘴下略内弯，壳面具同心线，右壳同心饰不显；在铰合面上可见横的细韧带槽；左壳有一个三角形主齿齿窝。因壳体变形，未能进一步定种。

产地层位 长阳县火烧坪；二叠系乐平统吴家坪组。

贫齿目 Desmodonta Neumayr，1883

蛏海螂科 Solemyidae H. Adams et A. Adams，1857

蛏螂属 *Solemya* Lamarck，1818

壳横长，扁平，后端略收缩，壳顶甚近后端，几乎与背缘齐平，前后端具狭的张开，韧带全部或大部分位于壳顶之后；后闭肌痕颇小，前闭肌痕甚大；具内韧托，壳面具扁平而不规则的放射脊。

分布与时代 世界各地；泥盆纪—现代。

古蛏螂亚属 *Solemya*（*Janeia*）King，1850

具一内脊，自内韧托前端以锐角伸出，延伸至后闭肌痕之下。

分布与时代 世界各地;泥盆纪—二叠纪。

椭圆古蛏螂 *Solemya*(*Janeia*)*elliptica* Zhang

(图版4,1)

壳大,呈规则椭圆形,长为高的1倍;壳顶平,不突出,位壳后部1/3处;前后端圆,近相等,背、腹缘宽平弧形;壳面放射脊圆而稀,不规则,在前、后部射脊间距大,近中部处两条放射脊成组,在粗射脊间尚有不明显的次级射线。

产地层位 南漳县板桥;二叠系乐平统大隆组。

小型古蛏螂 *Solemya*(*Janeia*)*minuta* Zhang

(图版4,2)

壳小,呈横椭圆形;壳顶位后部1/3处;前后端圆,不甚突出,背缘直,与近直的腹缘近于平行,扁平;壳面具放射脊,放射脊扁平,甚宽,两条放射脊间沟窄且较深。

产地层位 利川市齐岳山;二叠系乐平统吴家坪组。

笋海螂科 Pholadomyidae Gray,1847

变带蛤属 *Wilkingia* Wilson,1959

壳横卵形,壳顶位近前端,后壳顶脊弱,自壳顶向腹缘有一宽而浅的壳面凹陷,具盾纹面及小月面,壳面具同心纹及同心线,后背部时具明显的瘤疹状突起,前后闭肌痕浅,外套湾浅,无齿。

分布与时代 世界各地;石炭纪—二叠纪。

湖北变带蛤 *Wilkingia hubeiensis* Zhang

(图版4,3、4)

壳巨大,呈方圆形,壳顶较宽,突出铰缘,位壳前2/5部位,铰缘直长,与腹缘平行;前后端宽圆,几近相等,壳顶区较膨凸,壳面具同心线。

产地层位 建始县磺厂坪;二叠系乐平统大隆组。

色雷斯蛤科 Thraciidae Stoliczka,1870

色雷斯蛤属 *Thracia* Sowerby,1823

壳薄,方形或卵形,不等壳,右壳较大,两侧亦不等,通常后部伸长,壳面光滑或具同心线;幼年期为外韧带,内韧带位于内韧托上,无齿;前闭肌痕小而浅,无外套湾。

分布与时代 亚洲、欧洲、美洲及大洋洲;晚三叠世—现代。

简单色雷斯蛤　*Thracia prisca* Healey

（图版6，15）

壳小，横卵形，中等膨凸；壳顶低宽，位近中央，后壳顶脊明显，从壳顶伸达后腹角，后角顶坡三角形，壳面饰有同心线。

产地层位　远安县水井湾；上三叠统—下侏罗统王龙滩组。

软舌螺纲 Hyoltitha Marek, 1967

软舌螺类壳体呈长锥形，两侧对称，壳质成分一般为碳酸钙或磷酸钙。壳体构造见图3*。壳体收敛的一端呈圆锥状，称壳顶，另一端开口者为壳口。壳口的横切面常呈圆形、卵形、三角形、椭圆形、梯形、五角形、肾形或此等形状的过渡形。壳长1～150mm，大小相差悬殊。生长角10°～40°。纵脊是壳内背侧双层壳壁间（即背腔）的中隔壁在壳壁上的反映，中隔壁仅见于背侧。壳壁外表一般光滑，有的饰以生长线、生长环、横肋、纵肋等。在壳口的腹缘，有一半圆形突出物，称口唇，壳口上面尚有口盖，形状与口缘一致。口盖内面有成对的肌痕，成对的附肢（鳍）向两侧外伸。口盖的背侧内缘还有齿，作铰合之用（图4）。

在软舌螺顶端可见胎壳，一般呈锥形、筒形或球形。往上可见许多由不完全的横板在背腔中分割而成的小室，称为气室，动物软体所在的室称为住室（图5）。

另有些种类，在壳体两侧分泌其翼状的薄膜，并向后在壳顶会合，此翼状膜称为耳（图6）。

软舌螺类定向，有前、后、背、腹、左、右之分（图7）。

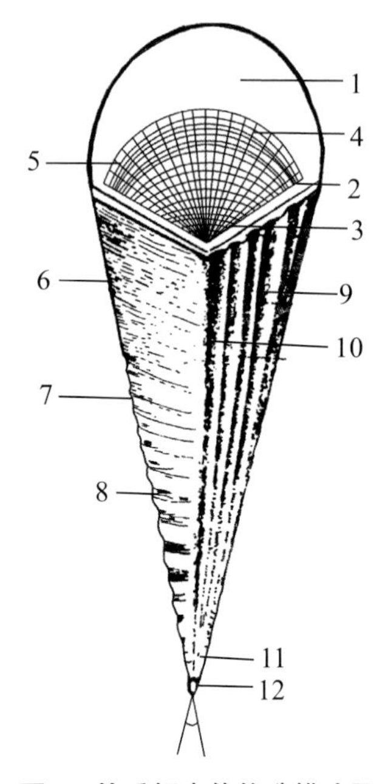

图3 软舌螺壳体构造模式图

1.口唇；2.口盖；3.壳壁；4.同心纹；5.放射线；6.生长线；7.横肋；8.生长环；9.纵肋；10.纵脊；11.胎壳；12.生长角

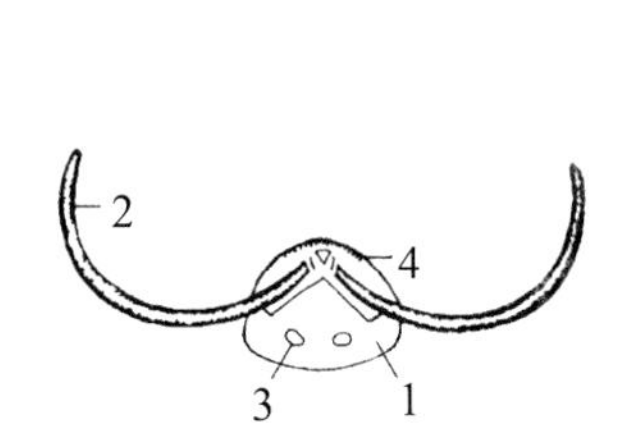

图4 ***Hyolithes*** **的口盖和附肢**

1.口盖；2.附肢；3.肌痕；4.齿

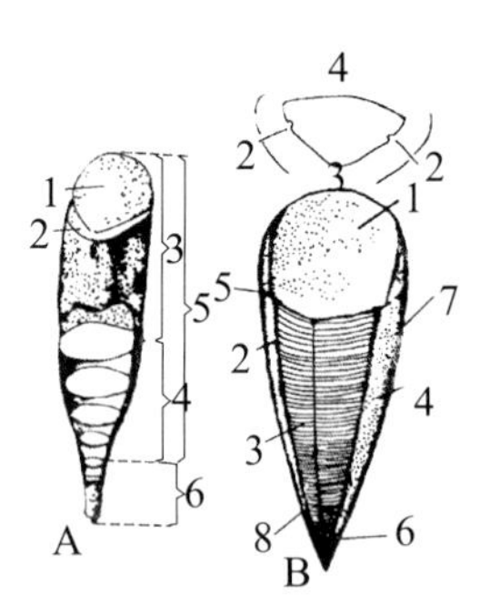

图5 ***Hyolithes*** **壳体构造**

A.内部构造图

1.口盖；2.壳口；3.住室；4.气室腔；5.成年期；6.幼年期

B.壳体及其横切面

1.口唇；2.分界沟；3.背面；4.腹面；5.前部；6.后部；7.腹壳；8.背壳

* 软舌螺基本构造之附图均引自南京大学所编《古生物学》（1980）

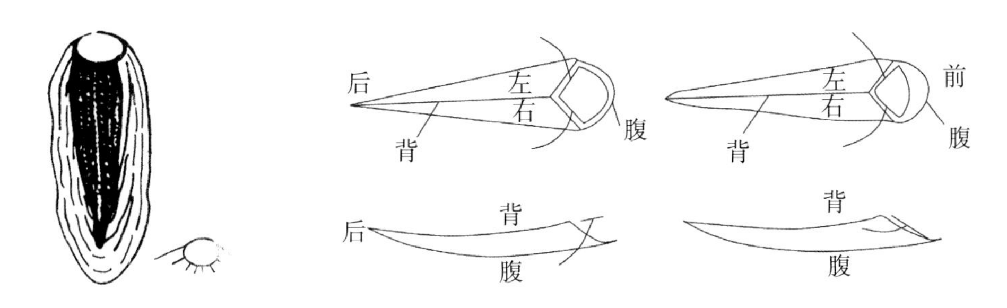

图6　*Pterygotheca*及其耳（右下部为口）　　图7　*Hyolithes*之定位

图8　*Pterygotheca*具背腔

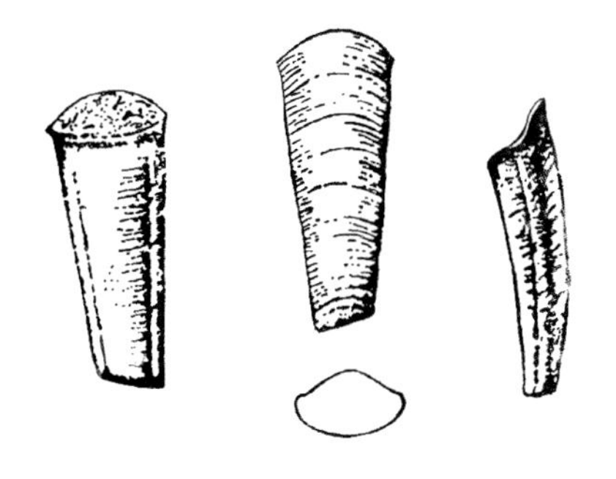

图9　*Hyolithes acutus*尖角软舌螺 ×3

图10　*Circotheca styles*（**Holm**）（柱状圆管螺）

图11　*Orthotheca intermedia*（中间直管螺）

壳口具唇的一侧为腹侧，无唇的一侧为背侧；壳体背腹侧交界处具分界沟者，自分界沟处度量，周围较长的一边为腹侧；壳面上具纵脊的一面为背侧，无纵脊的一面为腹侧（图8）；横切面上可见背腔的一面为背侧。壳的前后与观察者的前后一致时，位于观察者左侧的，即壳体之左侧。

软舌螺分类的主要依据是壳体幼年期的形态，如锥形、球形、筒形等（图9、图10、图11）。

直管螺目　Orthothecida Missarzhevsky, 1957

圆管螺科　Circothecidae Missarzhevsky, 1969

圆管螺属　*Circotheca* Syssoiev, 1958

壳小到中等大小，圆锥状，壳顶尖细，向壳口徐徐扩张，生长角1°～9°，个别超出10°。壳长几毫米到几十毫米，口缘平直或微斜，横切面圆形。口盖低锥状，盖顶偏心。壳表面光滑或具纵、横生长线、生长沟和横纹。

分布与时代　中国，欧洲、北美洲；晚震旦世—寒武纪纽芬兰世。

长锥圆管螺　*Circotheca longiconica* Qian

（图版6，16）

壳中等大小、直而细长、锥管状。壳口圆形，口缘平直。壳顶尖细，向壳口均匀扩张，壳表面饰有细而密集排列的生长线，平行于口缘。壳长3mm，壳口直径0.36mm，生长角6°。

产地层位　宜昌市黄山洞、虎井滩；上震旦统—寒武系纽芬兰统灯影组顶部。

横沟圆管螺　*Circotheca transulcata* Qian

（图版6，23）

壳细小、直、锥管状，长1.9mm，壳口直径0.5mm，口缘平直，横切面原形。壳顶尖细，向壳口均匀扩张，生长角12°，壳面饰有平行口缘环绕壳体的等距离分布的生长沟，生长沟之间宽平，间距约0.1mm。

产地层位　宜昌市黄山洞；上震旦统—寒武系纽芬兰统灯影组顶部。

弯圆管螺　*Circotheca subcrvata* Yü

（图版6，17）

壳体小、细长、锥管状，长2.6mm，口端直径0.57mm，壳顶尖细。幼年期壳显著弯曲，生长角7°～8°，成年期壳直，生长角9°～10°。壳口圆形，口缘平直，壳面饰有平行口缘的细密生长线，其随壳体增长逐渐增粗。

产地层位　宜昌市虎井滩；上震旦统—寒武系纽芬兰统灯影组顶部。

肥胖圆管螺　*Circotheca obesa* Qian

（图版6，22）

壳体粗壮、直圆锥形，长1.6mm。壳口平直，直径0.53mm，横切面圆形，壳顶尖圆，直径0.25mm，向壳口扩张较快，生长角12°～13°。壳表光滑或模糊地显示细密的生长线，生长线平行口缘。

产地层位　宜昌市黄山洞；上震旦统—寒武系纽芬兰统灯影组顶部。

多沟圆管螺　*Circotheca* ex gr. *multisulcata* Qian

（图版6，24）

壳较小，均匀弯曲，呈弯圆锥形，长1.1mm，壳口圆形，宽0.35mm，口缘平直。壳顶尖圆，向壳口均匀扩张，生长角10°。壳表面饰有细而密集的生长沟，每隔几条细线状的生长沟便出现一条较为粗一些的横沟，二者均平行口缘。

产地层位　宜昌市天柱山；上震旦统—寒武系纽芬兰统灯影组顶部。

短小圆管螺　*Circotheca nana* Qian

（图版6，18）

壳短小，直或微弯曲，呈角锥形，长1.1mm。壳口直径0.45mm，口缘平直，横切面圆形，壳顶尖圆，向壳口扩张较快，生长角14°，随着壳体增长，生长角大小不变。壳表面饰有平行于口缘均匀排列的生长沟，沟间还有细密生长线。

产地层位　宜昌县虎井滩；上震旦统—寒武系纽芬兰统灯影组顶部。

针孔圆管螺　*Circotheca punctata* Qian

（图版6，19）

壳小、细长，呈弯锥管状。壳口圆形或近圆形，口缘平直。保存壳长1.3mm，壳口直径0.5mm，近壳顶直径0.27mm，生长角7°，壳面饰有密集排列的生长线，近壳口有几条横沟，二者均平行口缘。壳表面有不规则排列的密集的针孔状小坑。

产地层位　宜昌市黄山洞；上震旦统—寒武系纽芬兰统灯影组顶部。

长圆管螺　*Circotheca longa* Chen et al.

（图版6，29）

壳体直、细长，呈长锥形，横切面圆形。壳顶向壳口均匀扩张，始部略有弯曲。口部可见微细生长线纹，纹饰平直、均匀，垂直轴部。可见壳长9.5mm，口部直径1.1mm，始部直径0.75mm，生长角3°。

产地层位　宜昌市石牌松林坡；上震旦统—寒武系纽芬兰统灯影组顶部。

圆管螺？（未定种1）　*Circotheca*?sp. 1

（图版25，9、10）

壳黑色，直锥状，很细，横切面圆～椭圆形，长约1.5mm（末端断掉一部分），口端直径0.3mm，生长角小于7°。外表面光滑。中心部分为白色矿物（可能为方解石充填）。

产地层位　秭归县庙河；上震旦统—寒武系纽芬兰统灯影组中、下部。

圆管螺?(未定种2) *Circotheca*?sp. 2

(图版25,8、11)

壳黑灰色、直锥状,横切面圆形或椭圆形,长6~7mm,口部直径1.3~1.5mm,生长角7°左右,壳较厚,外表面保存不好,纹饰不清楚,有的似为密生的环纹或生长线。

产地层位 宜昌市石牌;上震旦统—寒武系纽芬兰统灯影组上部

锥管螺属 *Conotheca* Missarzhevsky,1969

壳体小,圆锥形,口端部分弯曲比顶端部分明显,壳体自顶端向口端均匀扩大,生长角,10°~14°,壳的口部膨大,横切面圆形,壳面光滑或饰有模糊的生长线。

分布与时代 中国、苏联;寒武纪纽芬兰世。

乳头型锥管螺 *Conotheca mammilata* Missa rzhevsky

(图版6,27)

壳小,圆锥形,口端部分弯曲比顶端部分明显,壳体自顶端向口端均匀扩大,生长角10°~14°,壳的口部膨大,横切面圆形,壳面光滑或饰有模糊的生长线。保存壳长1.3mm,口部直径0.3mm,顶端直径0.17mm。

产地层位 宜昌市石牌;上震旦统—寒武系纽芬兰统灯影组顶部。

椭口螺属 *Turcutheca* Missarzhevsky,1969

壳体一般不大,但也有大型的,狭长锥形,侧向弯曲,口缘平直或微斜,横切面椭圆形,生长角2°~12°,常见4°~9°。壳表面光滑或饰有横的生长线、纵皱纹等。

分布与时代 中国、苏联;寒武纪纽芬兰世。

厚壳椭口螺 *Turcutheca crasseocochlia* (Syss.) Qian

(图版6,25)

壳较小,侧向弯曲,顶端尖圆,横切面椭圆形,口平,壳外表面模糊地显示细密且平行口缘的生长线。壳长2.16~2.24mm,口长径0.58~0.48mm,口短径0.48~0.32mm,壳顶长径0.24mm,壳顶短径0.27~0.21mm,生长角3°~5.5°。

产地层位 宜昌市黄山洞、天柱山;上震旦统—寒武系纽芬兰统灯影组顶部。

极大椭口螺 *Turcutheca maxima* Chen et al.

(图版6,28;图版7,12)

壳体长大、略弯曲,圆锥形。横切面呈典型的鸭蛋形,一侧曲率大于另一侧,扁平率为2∶3。壳外表具明显的生长纹,始部较稀疏,向口部加密,夹有明显的横沟。可见壳长

31mm，口长径5.5mm，始部长径2mm，生长角4.5°～7°。

产地层位 宜昌市石牌松林坡；上震旦统—寒武系纽芬兰统灯影组顶部。

提克西螺属 *Tiksitheca* Missarzhevsky，1969

壳体长角锥状，具有圆三角形的横切面，壳体微弯曲，一般在一个面的方向上弯曲较多，壳表面具有生长线，但内表面光滑，壳口与壳轴垂直。

分布与时代 中国、苏联；寒武纪纽芬兰世早期。

科洛鲍夫提克西螺 *Tiksitheca korobovi*（Missarzhevsky）Qian

（图版6，21）

内核、小，长棱锥形。具三角形横切面，壳始部明显断失。向三面之一平缓弯曲，具有凸出的背部。未见生长线。口平直。

壳长1.59mm，壳口宽0.48mm，始部直径0.24mm。

产地层位 宜昌市黄山洞；上震旦统—寒武系纽芬兰统灯影组顶部。

黄鳝洞提克西螺 *Tiksitheca huangshandongensis* Qian

（图版6，26）

内核，细小而短，棱锥形，从始部向口部迅速增大。横切面微弱圆三角形。始部保存不全，向一面微弯曲。未见外壳饰，内核面光滑。侧生长角大到11°左右，壳长0.96mm，口部高0.6mm，宽0.53mm，顶部直径0.24mm。

产地层位 宜昌市天柱山；上震旦统—寒武系纽芬兰统灯影组顶部。

球管螺科 Globorilidae Syssoiev，1958

始球管螺属 *Eogloborilus* Qian，1977

壳小到中等，直或微弯，锥管状。壳体可分宽柱状的成年期壳和膨大呈梨形、亚球形、盘形等的幼年期壳，二者有一环绕壳体的拗沟相隔，拗沟宽0.2～0.3mm。生长角7°～9°。壳口横切面亚三角形。幼年期的壳轴与成年期的壳轴重合在一条直线上。壳长1～3mm。

分布与时代 中国；寒武纪纽芬兰世。

梨形始球管螺 *Eogloborilus pyriformis* Qian

（图版7，1）

壳中等大小、长、直锥形。壳体分宽柱状的成年期壳和膨大呈梨形的幼年期壳，二者之间有一宽0.2～0.3mm的凹沟。保存壳长2.6mm，壳面光滑。

产地层位 宜昌市石牌；上震旦统—寒武系纽芬兰统灯影组顶部。

拟球管螺属 *Paragloborilus* Qian,1977

壳细长,弯管状。成年期壳体长管状,生长角6°～8°,口端横切面椭圆形,切面比率0.9,幼年期壳体小,膨胀呈亚球形或收缩呈盘珠状,幼年期壳与成年期壳为一环形凹沟相隔,但二者的延伸是在同一轴线上,壳长1～2mm。

分布与时代 中国;寒武纪纽芬兰世。

亚球形拟球管螺(相似种) *Paragloborilus* cf. *subglobosus* He

(图版6,20)

壳细长,均匀弯曲,呈锥管状。壳体可分成年期壳和膨大呈亚球形的幼年期壳,二者为一条浅而细的环形凹沟所隔。口缘微有倾斜,横切面圆形、近圆形。壳外表面饰有平行于口缘的细密排列的生长线。壳长1.28mm,生长角10°。

产地层位 宜昌市莲沱天柱山;上震旦统—寒武系纽芬兰统灯影组顶部。

奇特拟球管螺 *Paragloborilus mirus* He

(图版7,2)

壳细长,均匀弯曲,呈微弯管状。成年期壳和幼年期壳之间为一条宽而深的环沟所隔。成年期壳细长管状,生长角8°,口缘平或微斜,横切面椭圆形,比率0.9。幼年期壳呈薄的盘珠状,厚变与环沟略相等,均为0.033mm。

产地层位 宜昌市天柱山;上震旦统—寒武系纽芬兰统灯影组顶部。

异管螺科 Allathecidae Missarzhevsky,1969

异管螺属 *Allatheca* Missarzhevsky,1969

壳较大,50～70mm,狭,生长角8°～15°。壳的横切面为不对称椭圆形到显著的圆三角形。背面弧形凸起,腹面微微突起或偏平,壳的顶部有凹的隔壁。壳饰一致,或者只有生长线或者还有皱纹。口部偶有徽弱突出的腹缘。

分布与时代 中国、苏联,欧洲、北美洲;寒武纪—奥陶纪。

变异异管螺 *Allatheca inconstanta* Qian

(图版7,3)

壳体宽而长,锥管状,壳长15mm。成年期壳直,腹面微微拱凸,横切面椭圆形,切面比率1.3;生长角变小,至口部,只有7°。幼年期壳微弯,腹部平坦,甚至微微中凹;切面比率1.5,生长角20°。壳面光滑,仅在幼年期腹壳上可见几根纵脊。

产地层位 宜昌市石牌象鼻子山;寒武系纽芬兰统—第二统牛蹄塘组。

细小异管螺　*Allatheca minor* Qian et al.

（图版7，4）

壳小长锥形，强烈弯曲。腹面窄而平，背面呈弧形凸出，壳最宽处在背面的二侧间，腹侧角大于90°。横切面近始部圆形，近口部腹侧变平直。壳面饰有横向生长线、脊。壳长2.36mm，壳口高0.6mm、宽0.55mm，始端宽0.07mm，生长角约10°。

产地层位　宜昌市天柱山；上震旦统—寒武系纽芬兰统灯影组顶部。

直管螺科　Orthothecidae Syssoiev，1968

方管螺属　*Quadrotheca* Syssoiev，1958

壳窄、方锥形，直或微弯，横切面方形。壳面平或微凹，壳面彼此过渡明显呈脊状。壳口平或斜切，有时呈漏斗状，壳壁厚，壳外表平滑或具纵、横生长线、生长沟。

分布与时代　中国、瑞典；寒武纪—奥陶纪。

石牌方管螺　*Quadrotheca shipaiensis* Qian

（图版7，10）

壳小、角锥形，直或微弯曲。横切面菱形，壳的四面大致相等宽，彼此急剧过渡。壳壁在过渡处强烈加厚，沿纵向形成棱脊。口漏斗状，口缘平。壳面光滑无饰。

壳长0.65mm，壳口宽0.36mm，始部宽0.12mm，侧面生长角32°。

产地层位　宜昌市石牌；上震旦统—寒武系纽芬兰统灯影组顶部。

勒拿螺属　*Lenatheca* Missarzhevsky，1969

壳体不大，腹面中央具有纵向的凹槽，背面具有尖的中央背。脊面二侧平缓圆形。横切面心形。口缘平直，壳面饰有生长线。

分布与时代　中国、苏联西伯利亚，欧洲；寒武纪—奥陶纪。

勒拿螺（未定种）　*Lenatheca* sp.

（图版7，5）

壳小，直，角锥形，长约0.8mm，生长角29°。壳口平，横切面三角形，切面比率约3∶1。背腹部彼此过渡明显，腹面和背部两侧面均微微内凹，壳面布有细密的横生长线。

产地层位　宜昌市石牌；上震旦统—寒武系纽芬兰统灯影组顶部。

阿纳巴管螺属　*Anabarites* Missarzhevsky，1969

壳体小、细长，直或微弯，圆管状。管体放射对称或三角对称。壳口平或微斜，口缘圆三角形，也有圆形、六角形等切面形状，壳顶尖圆，生长角2°～8°，近口部两侧几乎平行，壳面有3条等面间隔的纵向槽，把壳面分成3个相等的凸出部，壳面饰有平行于口缘的横纹、生长线。

分布与时代 中国、苏联；寒武纪纽芬兰世。

三槽阿纳巴管螺 *Anabarites trisulcatus* Missarzhevsky

（图版7,6）

壳体狭长、微微弯曲，锥管状。壳口斜直，横切面圆三角形。壳宽稍大于壳高，壳顶尖圆，生长角6°，壳面有3条等面间距的纵槽，分壳面为3个相等的凸圆部，延伸方向与壳形一致，壳面除中槽外，还饰有细密的横生长线。壳体长1.8mm。

产地层位 宜昌市石牌沿江；上震旦统—寒武系纽芬兰统灯影组顶部。

软舌螺目 Hyolithida Syssoiev，1957

中槽螺科 Sulcavitidae Syssoiev，1958

薄里螺属 *Burithes* Missarzhevsky，1969

壳长几毫米到几十毫米，微弯，腹面平坦，在近腹侧缘处常见1对或2对肌肉痕，背面弓形凸起。壳横切面呈弓形或宽三角形，但在背面两侧往往不对称。背腹过渡明显，使侧缘常呈脊状，口部侧缘平坦或微凹。壳表饰有生长线和脊。

分布与时代 中国、苏联；寒武纪第二世。

薄里螺（未定种） *Burithes* sp.

（图版8,6）

壳体狭长、弯。壳顶尖细，口部保存不佳，生长角在始部有约15°，至口部为约7°。腹壳面平坦或微微凸起，背壳面宽圆拱凸，呈弓形，其横切面或为弓形或为圆三角形。切面比率4∶3。腹壳面上微微可见向口端拱起的生长线。

产地层位 宜昌市石碑水井沱；寒武系纽芬兰统—第二统牛蹄塘组。

肿带螺属 *Doliutus* Missarzhevsky et Syssoiev，1969

壳体大，平缓弯曲，形态肿大。横切面的背缘弓形凸起呈圆弧形，腹缘微微拱凸，口缘具有大的圆形腹缘和十分平缓的背缘，侧部凹湾显示清楚。壳面饰有生长线，很少有十分细的横脊。

分布与时代 中国、苏联；寒武纪第二世。

东方肿带螺 *Doliutus orientalis* Qian

（图版8,11）

壳较大、直、粗而长，形如纱锭状，成年期壳宽而长，自口部往顶部微微收缩，至顶部收缩骤然增大，最大的生长角达43°，近口部的生长角8°～23°，壳长8.2mm，口端宽2.2mm，顶端宽0.6mm。幼年期壳短小，细锥管状，顶端浑圆，长约1mm、顶宽0.25mm，生长角5°～10°。横切面椭圆形，切面比率1.3。壳口具长0.6mm的口唇。

产地层位 宜昌市石牌；寒武系纽芬兰统—第二统牛蹄塘组。

石牌肿带螺 *Doliutus shipaiensis* Qian

（图版8，7）

壳大、直、粗而长，呈圆锥形。壳体长16mm，成年期壳体粗大，长14.4mm，口宽4mm，顶宽1mm，口部的生长角11°～14°，至顶部扩大到30°。幼年期壳狭长，细锥管状，顶端尖圆，生长角5°～8°，壳长2mm，顶端直径0.3mm。

壳体有内外2个管子，内管位于外管的左腹侧，占壳体大小的1/2～3/5，内管在幼年期消失。壳表面光滑。

产地层位 宜昌市象鼻子山；寒武系纽芬兰统—第二统牛蹄塘组。

似软舌螺目 Hyolitilelminthes Fisher，1962

小软舌螺科 Hyolithellidae Walcott，1886

小软舌螺属 *Hyolithellus* Billillgs，1872

壳狭而长，细管状。近口部近似圆柱形，壳的顶端不明，一般认为是相当细的管子。壳口平直，横切面圆形。壳体往往呈不规则弯曲，生长角甚小，壳表平滑光亮，饰有生长线、沟、脊等平行于口面的雕纹。

分布与时代 中国、苏联、北美等地；寒武纪纽芬兰世——第三世。

细薄小软舌螺 *Hyolithellus tenuis* Missarzhevsky

（图版8，12）

壳体小、细长，微有弯曲，近于细管状，壳面光滑，外表微显横向生长线和生长沟，分布不太规则。保存的壳体长1.4mm，近口端直径0.2mm，近顶端直径为0.17mm，生长角2°～3°，横切面圆形。

产地层位 宜昌市黄山洞；上震旦统—寒武系纽芬兰统灯影组顶部。

假直管螺属 *Pseudorthotheca* Cobbold，1935

壳体小，细长的锥管，直或微弯。横切面圆形，壳口平，与壳轴垂直。壳外表饰有尖棱状的环脊，有时在环脊间有次一级横向环纹，环脊和环纹平行口缘。生长角6°～11°。

分布与时代 中国、欧洲、美洲；寒武纪纽芬兰世——第三世。

宜昌假直管螺　*Pseudorthotheca yichangensis* Qian

（图版7,15）

壳体小,圆锥形,均匀弯曲,长1.4mm,壳口平,直径0.26mm,横切面圆形,生长角为5.5°。壳面有凸起的细肋线,在1mm中有16条左右,肋线间的间距不等,口端部分间距大,顶端部分间距小,肋线间未见生长纹,壳顶直径0.14mm。

产地层位　宜昌市天柱山、黄山洞;上震旦统—寒武系纽芬兰统灯影组顶部。

双饰假直管螺　*Pseudorthotheca bistriata* Qian

（图版7,13）

壳小,仅1～2mm,狭圆锥形。壳口平直,壳顶断失,生长角6°。横切面圆形。壳面饰有等间距排列的突起环棱,环棱之间为宽而低平之环沟,环沟为棱宽的3～4倍。环沟内饰有次一级的密集排列之环纹,其平行于口缘。

产地层位　宜昌市天柱山、黄山洞;上震旦统—寒武系纽芬兰统灯影组顶部。

弯曲假直管螺　*Pseudorthotheca anfracta* Qian

（图版8,2）

壳小,微微弯曲,圆锥状,保存壳体长1.5mm,壳口平直,直径0.6mm,横切面圆形。近壳顶直径0.3mm,生长角10°～12°。壳表面除饰有细密的生长线外,还见有5根等宽的横脊,脊间距3.5倍于脊宽,生长线和横纹都平行于口缘。

产地层位　宜昌市虎井滩;上震旦统—寒武系纽芬兰统灯影组顶部。

小鞘螺科　Coleollidae Fisher,1962

拟小鞘螺属　*Coleoloides* Walcatt,1889

壳体狭长、直或微微弯曲,长锥状。壳口平直,横切面圆形,也有椭圆形或卵形。壳顶尖细,生长角0.5°～7°,一般2°～3°,自壳顶至壳口生长角变化很小。壳外表饰有生长线或横脊,多数壳而具彼此平行的螺旋状的纵脊,与壳轴的交角为2°～7°。

分布与时代　中国、苏联、加拿大、美国;寒武纪纽芬兰世——第二世。

秭归拟小鞘螺　*Coleoloides ziguiensis* Qian

（图版8,10）

壳直、狭长,细管状,保存壳长20mm,近口端横切面近半圆形,宽1.1mm,高0.6mm;近顶端横切面椭圆形,宽1mm,高0.8mm。生长角2°～3°。

背腹面之间在壳口部位呈尖棱状,在近顶部位缓圆过渡。背面有一浅的中槽,腹面有一宽而深的中槽,往壳顶腹中槽逐渐变浅,甚至消失。此外,尚有纵向细密排列的生长线,与壳轴有2°～4°交角。

产地层位 秭归县兰岭；寒武系纽芬兰统—第二统牛蹄塘组。

脊管螺属 *Lophotheca* Qian，1978

壳体小，直或微弯的圆锥状。壳顶宽圆，向壳口均匀扩张，生长角5°～8°，口缘微斜或起伏不平，背部口缘具V形凹弯，横切面椭圆形或圆形，壳表饰有明显的横脊，横脊在壳的两侧面波形起伏，在腹面平缓过渡，在背面以钝角相交，交角指向壳顶，横脊在1mm中有10～24根。

分布与时代 中国、蒙古；寒武纪纽芬兰世。

粗脊脊管螺 *Lophotheca costellata* Qian

（图版8，9）

壳体小，微微弯曲，呈锥管状。壳口微斜，背部口缘具V形凹弯。横切面椭圆形，切面比率为0.8～0.9，生长角6°～7°。具横脊，其通过背壳面中心线时呈浅V形相交，交角指向壳顶，横脊在腹壳面上平缓通过，在壳的两侧面呈波形起伏，脊宽略等于脊间距，在1mm内有横脊10～17条。

产地层位 宜昌市虎井滩、黄山洞；上震旦统—寒武系纽芬兰统灯影组顶部。

密脊脊管螺 *Lophoeca multicostata* Qian

（图版7，16）

壳小、细长、微弯，呈锥管状。壳长1.2mm，生长角5°，口缘斜直，横切面椭圆形，宽高比率0.74。壳面饰有密集排列的横脊和脊之间的横沟，脊宽略大于沟宽。横脊在侧面和腹面平缓通过，在背面对称轴上呈钝角相交。在1mm内有22～27根横脊。

产地层位 宜昌市虎井滩、黄山洞；上震旦统—寒武系纽芬兰统灯影组顶部。

小波状脊管螺 *Lophothreca minyundata* Qian

（图版8，8）

壳小、细长，弯锥管状。壳口横切面圆形或近圆形，口缘微微斜向背部，背部口缘具有不深的凹弯。保存壳长2mm，生长角7°。

壳表饰有清晰的横脊，横脊细而高，宽度略狭于脊间距，横脊在壳的两侧面表现为小波形起伏，在腹面平缓通过，而在背面的对称线上呈钝角相交，交角指向壳顶。1mm中有横脊12～20条。

产地层位 宜昌市黄山洞；上震旦统—寒武系纽芬兰统灯影组顶部。

等宽脊管螺 *Lophotheca uniforme* Qian

（图版7,14）

壳小、细长、弯锥管状。壳口微斜，横切面圆形，壳长1.2mm，生长角5°。壳面饰有平缓环绕壳体的横脊，其在腹面微向壳口拱凸，在背面明显拱向壳顶，横脊高，横沟深，横脊粗细均匀且等间距排列，在1mm中横脊可达12～16条。

产地层位 宜昌市黄山涧；上震旦统—寒武系纽芬兰统灯影组顶部。

环带螺属 *Gyrazanatheca* Qian，1978

保存的壳长4.1mm，壳体直或微弯，呈圆锥状，壳口微微倾斜，横切面正圆形，切面比率约0.85，近壳顶横切面椭圆形，切面比率为0.77，生长角9°。壳表饰有显著的横沟、横脊和环带，它们自腹向背微微倾斜且平行于口缘，两横沟之间或是环带或是横脊，二者相间出现，横沟和横脊等宽，宽约0.13mm，环带很宽，约为横脊的3倍。

分布与时代 宜昌市；寒武纪纽芬兰世。

宽环环带螺 *Gyrazonatheca platysegmentata* Qian

（图版7,7）

描述同属的特征。

产地层位 宜昌市虎井滩；上震旦统—寒武系纽芬兰统灯影组顶部。

拉伯伏螺科 Lapworthellidae Missazhevsky，1969

拉伯伏螺属* *Lapworthella* Cobbold，1921

壳体两侧对称、外形短小，呈角锥状。壳口平，横切面椭圆形，切面比率0.65左右。壳顶浑圆，直或弯曲，壳面饰有环棱，环棱间距较大。壳面周围圆滑过渡，前后缘壳长不等。

分布与时代 中国、西欧；寒武纪。

角状拉伯伏螺 *Lapworthella honorabilis* Qian

（图版7,11）

壳体两侧对称，外形角锥状，微弯曲。壳口平，横切面椭圆形，切面比率0.66。壳顶浑圆直或反向弯曲。壳长1.69mm，壳面饰有粗的间距较大的环棱6～7条，其与壳面微微斜交。壳面周围圆滑过渡，前后缘壳长不等。

产地层位 宜昌市莲沱天柱山、黄山洞；上震旦统—寒武系纽芬兰统灯影组顶部。

---

* 此属很可能是余汶所定单板类的*Obtuconus* Yü 1979。

喙顶拉伯伏螺　*Lapworthella rostriptutea* Qian

（图版7,17）

壳体短而小,呈角锥状。壳口平,横切面长椭圆形,切面比率0.65。壳顶弯腹侧,紧靠腹后部,壳端浑圆,侧生长角可达30°左右,壳面具5～6根等间距排列环绕壳体的粗横脊。横脊比横沟稍宽。壳体长0.84mm,口高0.66mm,口宽0.43mm。

产地层位　宜昌市黄山洞、石牌;上震旦统—寒武系纽芬兰统灯影组顶部。

海角螺科　Halkieriidae Poulsen,1967

天柱山壳属　*Tianzhushania* Qian et al.　1979

壳小、长角锥形,不对称,直或微弯曲。横切面总形态为不等边五边形。腹面平,背面突出较高,背腹面间急剧转折,形成棱脊,沿两侧缘各发育一明显纵向凹槽,凹槽边缘呈棱脊状。壳面饰有纵、横向纹饰,组成网格状。

分布与时代　宜昌市;寒武纪纽芬兰世。

长形天柱山壳　*Tianzhushania longa* Qian et al.

（图版8,3）

壳小、长角锥形,不对称,直或微弯曲。壳长0.89mm,口端最大直径0.31mm,顶端直径0.22mm,壳顶钝,壳口微斜,壳体均匀弯曲,近口部始端收缩率增大。其他特征同属。

产地层位　宜昌市天柱山;上震旦统—寒武系纽芬兰统灯影组顶部。

肥胖天柱山壳　*Tianzhushania obesa* Qian et al.

（图版8,1）

壳小,短而粗,角锥形。壳长0.62mm,生长角19°～26°。壳口斜,似呈漏斗状,横切面为不等边五边形。背腹面均微微外凸,腹面饰有纵向棱脊,背面光滑或显示横向线纹,两侧面均有一条纵向浅槽,左侧面槽较狭,有时见不到,右侧面与背腹面过渡呈棱脊状,左侧面与背腹面过渡较圆滑。

产地层位　宜昌市天柱山;上震旦统—寒武系纽芬兰统灯影组顶部。

科未定　Family Uncertain

寒武管螺属　*Cambrotubulus* Missarzhevsky,1969

壳短小、狭锥形,不规则弯曲。横切面圆形,口平直。外表面具生长线,内表面光滑。

分布与时代　中国、苏联西伯利亚;寒武纪纽芬兰世。

下弯寒武管螺 *Cambrotubulus decurvatus* Missarzhevsky

（图版7，8、9）

壳细小、长锥形，沿整个壳长均匀地扩大。口直，横切面圆形。表面光滑，多数标本未见纹饰，少数标本模糊地见有细的生长线，平行口部。始部未见。壳长1.10～1.57mm，口直径0.34mm，近顶端直径0.17～0.14mm，生长角9°。

产地层位 宜昌市莲沱天柱山、石牌；上震旦统—寒武系纽芬兰统灯影组顶部。

纲未定 Class Uncertain

寒武骨片目 Cambrosclertida Meshkova，1974

似楯壳科 Sachitidae Meshkova，1969

似楯壳属 *Sachites* Meshkova，1969

壳小，长为0.6～3mm，形态多样，有长板状、长椭圆状等。壳体在两个宽面上纵向弯曲，有的壳体横向上有扭曲。壳的两侧尖脊状或浑圆形，壳顶尖细、向口端扩大明显，壳口横切面椭圆形、狭长透镜形或三角形。壳口多呈裂口状、椭圆状或三角形。口面倾向于凹面，与壳的纵切面常常平行。壳面上饰有纵横脊、生长线。

分布与时代 中国、苏联；寒武纪纽芬兰世。

奇形似楯壳 *Sachites terastios* Qian et al.

（图版24，2）

壳扁、长卵形，壳长1.35mm，宽0.75mm，向顶端逐渐收缩。壳分凸凹两面，凸面长。近口部的凸面伸向凹面，凹凸面在口部呈圆三角状。口面向凹面倾斜，口面上伸出一个台阶状的三角形裂口。凸面具有等间距排裂的圆弧形纵脊，在中央隆起较高。

产地层位 宜昌市天柱山；上震旦统—寒武系纽芬兰统灯影组顶部。

小型似楯壳 *Sachites minus* Qian et al.

（图版24，1）

壳小，长0.6mm，宽0.38mm，外壳为一端带刺的不规则椭圆形，刺长0.07mm，纵面上平缓弯曲。口菱形，口长径0.26mm，口短径0.14mm，口面倾向凹面。壳顶尖细，反向弯曲，往上迅速扩张。壳的两侧缘呈尖脊状，凹面具细密的纵、横纹，凸面具粗的纵向脊。

产地层位 宜昌市天柱山；上震旦统—寒武系纽芬兰统灯影组顶部。

囊状似楯壳 *Sachites sacciformis* Meshkova

（图版24，5）

壳体呈带柄的长扇状，平缓弯曲，壳长0.98mm。横切面为不等边三角形。壳顶长而尖细，往口端很快扩张，在壳长的1/3处又开始平缓扩张直至口端，口面倾向凹面。壳体的两个宽面微有扭曲，壳的两侧缘均呈尖脊状。凸面上有1根突出明显的纵脊，在其两侧还各有2～3根次一级纵向脊。

产地层位　宜昌市天柱山；上震旦统—寒武系纽芬兰统灯影组顶部。

似楯壳(未定种) *Sachites* sp.

(图版24,7)

壳扁长锥形，较小，S形弯曲，壳长1.69mm。横切面为扁长的不规则多边形。壳面凸出、或平、或内凹成纵槽，面间均以脊棱(龙骨状)急速过渡，纵向有扭曲。除凹壳面平滑外，壳面饰发育的纵横向脊，构成网状。

产地层位　宜昌市天柱山；上震旦统—寒武系纽芬兰统灯影组顶部。

棱管壳科 Siphogonuchitidae Qian, 1977

古中槽壳属 *Paleosulcachites* Qian, 1977

壳体小，长1～2mm，外形不规则，大体呈四方长管形，纵向弯曲，横向有时发生扭曲。横切面在顶端为不等边五边形，末端为"凹"字形或"丁"字形。凹面宽平，凸面突起较高，凸面的顶部有宽深的槽或纵脊，还有平直或斜向的横纹。

分布与时代　陕西、湖北；寒武纪纽芬兰世。

石牌古中槽壳 *Paleosulcachites shipaiensis* Qian

(图版24,3)

壳较小，不规则长管状，纵向弯曲。横切面从顶端至末端变化较大，在顶端为高梯形，末端为近似长方形至多边形。

壳体凹凸面彼此明显过渡呈脊状；凸面狭长，中央有一条纵向狭而浅的中槽。凹面上具有细微的斜向纹饰，凸面上具有纵向粗横向细的纹饰。

产地层位　宜昌市石牌、黄山洞、天柱山；上震旦统—寒武系纽芬兰统灯影组顶部。

原始赫兹刺属 *Protohertzina* Missarzhevsky, 1973

两侧对称的长锥管状体，背腹区分明显。横切面的背缘呈圆形，腹缘呈心状的脊，前后缘的分界面呈侧脊状，靠近口端的背部具有不深的沟。

分布与时代　苏联西伯利亚，哈萨克斯坦，中国陕西、湖北；寒武纪纽芬兰世。

阿纳巴原始赫兹刺 *Protohertzina anabarica* Missarzhevsky

(图版8,4、5)

壳小、管状，长1.5～2mm，沿对称面平缓弯曲，近顶部弯曲显著。腹面具纵脊，背面具狭而浅的纵沟，纵脊和纵沟组成壳体的对称面，在壳的横切面上，腹缘呈屋脊状，其中央为高高的纵脊及其两侧的心形沟，背缘为半圆形凸起，在其中央有一条浅而细的纵槽。背腹缘为侧脊所隔，脊和槽都未伸至壳顶，壳顶横切面呈圆形。

产地层位 宜昌市石牌；上震旦统—寒武系纽芬兰统灯影组顶部。

科未定 Family Uncertain

原翼管壳属 *Protopterygotheca* Chen, 1977

管壳、锥形，直。背面凸出，封闭。腹面凹缺，不封闭。横切面Ω形。两侧伸展耳形翼片。

分布与时代 四川乐山市、湖北宜昌市；寒武纪纽芬兰世。

乐山原翼管壳 *Protopterygotheca leshanensis* Chen

（图版24，4）

管壳，锥形，直，口端较宽，向顶端平缓缩小。背面呈弧形凸出，封闭。腹面凹缺，在口部较宽，向顶端渐渐变窄，封闭，留有接缝横切面呈Ω形。两侧伸展耳形翼片，由于脆弱而常残缺不全。壳外表面平滑无饰，内表面亦平滑。壳长1.65mm，口宽0.40mm，顶宽0.13mm，分离角12°。

产地层位 宜昌市天柱山；上震旦统—寒武系纽芬兰统灯影组顶部。

四方管壳属 *Quadrochites* Qian, 1979

长管状体，多为棱管状，个别扁。纵向缓缓弯曲或有扭曲。横切面四边形或不规则多边形。管体的面间呈明显的棱状过渡。管体表面横脊发育，有时纵槽明显。

分布与时代 宜昌市；寒武纪纽芬兰世。

分节四方管壳 *Quadrochites disjunctus* Qian

（图版24，6）

长的管状体，较小，可见长度1.25～1.52mm，多为棱管状，纵向缓缓弯曲或沿纵轴有扭曲，个别管扁，有时向一端收缩。管的柱面平或有纵槽，面间呈明显的棱状过渡。横脊发育，与沟槽相间，每毫米长度内有23～25个，沟槽比横脊窄得多。横切面四边形或不规则多边形，宽度0.27～0.29mm。

产地层位 宜昌市天柱山；上震旦统—寒武系纽芬兰统灯影组顶部。

其他分类位置未定化石

织金壳属 *Zhijintes* Qian, 1978

壳小、图钉形，由锥状管和盘状体组成，锥状管直或弯曲，顶端尖细，扩大端封口，横切面椭圆形、扁椭圆形或不规则多边形，锥状管表面光滑或有横脊和纵棱。盘状体圆形，浑圆形或不规则多边形。其表面上有时可见同心纹或放射纹。

分布与时代 中国贵州、四川、湖北，苏联；寒武纪纽芬兰世。

光滑织金壳 *Zhijinites lubricus* Qian et al.

（图版8，13）

钉状壳体、小。锥管状、细长，平缓弯曲，横切面圆形，顶端尖，管长0.55mm，基部直径0.05mm，盘状体长卵圆形，长径0.29mm，短径0.17mm。

产地层位 宜昌市莲沱天柱山；上震旦统—寒武系纽芬兰统灯影组顶部。

似古球蛋属 *Archaeooides* Qian，1979

壳圆球状、扁圆球状或椭圆球状，直径为0.5～2.5mm。壳壁薄、成分几丁质或磷酸盐，内部中空，壳表面饰有密集的规则排列的瘤点，有些个体上的瘤点还有小孔，也有的种壳表面有凹陷和凸起的现象。

分布与时代 陕西宁强、湖北宜昌；寒武纪纽芬兰世。

瘤面似古球蛋 *Archaeooides granulatus* Qian

（图版8，19）

壳圆球形，直径0.9mm，壳壁厚，为磷质。壳内中空，多为白色方解石充填，整个壳表面有十分密集且很规则的瘤点，壳面上未见任何孔洞痕迹，但有一个V形凹坑。凹坑内同样布有密集的瘤点，每个瘤点呈乳头状。

产地层位 宜昌市石牌；上震旦统—寒武系纽芬兰统灯影组顶部。

尖刺似古球蛋 *Archaeooides acuspinatus* Qian

（图版8，18）

壳体为一圆球形的内核，直径2.5mm，一端向外尖凸，内部实心，面上凹凸不平，但不呈溜状。壳面未见小孔通至体内。

本种以个体大，一端向外尖凸，壳面没有规则而密集的瘤点区别于相近似的*Archaeooides granulatus* Qian。

产地层位 宜昌市庙河；上震旦统—寒武系纽芬兰统灯影组顶部。

光面似古球蛋 *Archaeooides interscriptus* Qian

（图版8，15）

壳卵球形，直径长0.6mm，宽0.5mm，壳壁很薄，几乎透明呈油脂光泽，壳表面光滑，内腔中空。

产地层位 宜昌市石牌；上震旦统—寒武系纽芬兰统灯影组顶部。

似古球蛋(未定种) *Archaeooides* sp.

(图版8,14)

个体为破碎的不规则形,一端呈光滑平面,另一端呈半球状。半球状表面具有排列颇规则的瘤点。瘤点呈低锥形,大小0.05mm左右。瘤点间空隙呈菱形或方形,相邻瘤点间距0.024mm左右。个体宽0.6mm,高0.43～0.6mm。

产地层位 宜昌市莲沱天柱山;上震旦统—寒武系纽芬兰统灯影组顶部。

两似古球蛋属 *Ambarchaeooides* Qian et al. ,1979

壳为圆滑的椭球形,在长径的中央有一浅槽环绕壳体,把椭球形壳分为两个粘合的半对形。长径0.35mm,短径0.3mm。壳面光滑无纹饰。壳壁细薄。壳内中空,具有十分错综复杂的隔壁,隔壁薄。

分布与时代 宜昌市;寒武纪纽芬兰世。

天柱山两似古球蛋 *Ambarchaeooides tianzhushanensis* Qian et al,

(图版8,16、17)

特征同属。

产地层位 宜昌市天柱山;上震旦统—寒武系纽芬兰统灯影组顶部。

黄鳝洞螺属 *Huangshandongella* Qian et al. 1979

壳体小,两侧对称的双透镜形。壳口呈圆三角形。壳面饰有规则的同心脊、放射脊以及瘤和坑。

从外形看,本属接近于包旋的腹足动物壳体,但外表未见脐部,同心状脊也没有连续旋卷现象。故暂以分类位置未定处理。

分布与时代 宜昌市;寒武纪纽芬兰世。

美丽黄鳝洞螺 *Huangshandongella bella* Qian et al.

(图版24,7)

壳体小,两侧对称的双凸透镜形,黑色,发亮,不透明。沿对称面的切面为浑圆形,但在口部略有凹缺,壳口呈圆三角形。壳饰有规则的同心脊、放射脊以及瘤坑。

壳体高1.97mm,前后长1.72mm,壳宽1.13mm,口宽0.36mm,口高0.17mm。

产地层位 宜昌市黄山洞;上震旦统—寒武系纽芬兰统灯影组顶部。

窄壳纲 Stenotheeoedis

寒武壳科 Cambridiidae Horny, 1957

巴氏壳属 *Bagenovia* Radugin, 1937

壳顶位于前缘的上部,具一条向后缘逐渐增宽的背棱。背棱的两侧具很多的放射脊。

分布与时代 欧洲,中国南方;寒武纪纽芬兰世。

巴氏壳(未定种) *Bagenovia* sp.

(图版8,20)

壳小,顶视椭圆形,壳顶突向前缘。背棱磨损、背棱的两侧具很多的细放射脊。

产地层位 随州市;寒武系纽芬兰统下部。

单板纲 Monoplacophora Wenz in Knight, 1952

单板类身体的背部具有帽状、匙状或低锥状的单壳,个体小。壳口近圆形,壳顶端钝或尖,常向前方作不同程度的弯曲,壳表具有同心纹饰。其软体结构在现代的*Neopilina galatheae*中表现为:具口的头部在前且显著。足在腹部。躯干中最引人注目的是具有5对羽状鳃和肌肉,后者固着于贝壳内面而留下肌痕。

扬子锥目 Yangtzeconioidea Yü, 1979

扬子锥超科 Yangtzeconiacea Yü, 1979

东方锥科 Eosoconidae Yü, 1979

截锥属 *Truncatoconus* Yü, 1979

壳体极微小(不到1mm),笠状,顶视椭圆形。壳顶截平,位近中部,壳顶端椭圆形。壳面光滑,饰纹未保存。壳顶有1对新月形突起,可能为肌痕。

分布与时代 湖北西部;寒武纪纽芬兰世。

宜昌截锥 *Truncatocouns yichangensis* Yü

(图版9,1)

壳小,笠状,顶视椭圆形。壳顶钝,位近中部,壳顶端截平,具1对新月形的突起,可能为肌痕,背部圆凸,前侧略斜,后侧宽斜。近壳顶部的两侧凹陷,而后斜向两侧缘。壳表光滑。壳长0.747mm,壳高0.476mm,壳宽0.602mm。

产地层位 宜昌市天柱山;上震旦统—寒武系纽芬兰统灯影组顶部。

东方锥属 *Eosoconus* Yü, 1979

壳体微小，帽形，壳顶钝圆，壳顶端突出，但与口缘相平行。壳口卵圆形，口缘前端略向上翘。壳体具有1对带状肌痕，肌痕粗大，突起。壳面饰有粗同缘褶。

分布与时代 湖北西部；寒武纪纽芬兰世。

原始东方锥 *Eosoconus primarius* Yü

（图版9，2）

壳体极微小，罩形。壳顶钝圆，向前突出，与前缘相平行。背部窄圆，前侧微凹曲。侧部宽圆，近壳顶处有1对新月形的凹窝，其下有1对圆凸的带状肌痕。肌痕粗大、突起，约占壳体高度的1/5，构造简单，从前侧向后端逐渐宽大。壳口卵圆形，前缘窄圆，略向上翘起，后缘宽圆。壳长0.672mm，壳高0.658mm，壳宽0.602mm。

产地层位 宜昌市石牌；上震旦统—寒武系纽芬兰统灯影组顶部。

美丽东方锥 *Eosoconus formosus* Yü

（图版9，4）

此种与*E. primarius*的差异，在于壳体较低，背部较斜和饰有3条粗同缘褶。壳长0.658mm，壳高0.21mm，壳宽0.2mm。

产地层位 宜昌市虎井滩；上震旦统—寒武系纽芬兰统灯影组顶部。

扬子锥科 Yangtzeconidae Yü, 1979

扬子锥属 *Yangtzeconus* Yü, 1979

壳小至微小，弓形，壳顶粗大、浑圆，壳顶端微曲。壳口近圆形，口缘略翻卷。壳面饰有同缘脊和生长线。具1对对称的背侧肌痕。

分布与时代 湖北西部；寒武纪纽芬兰世。

原始扬子锥 *Yangtzeconus priscus* Yü

（图版9，3）

壳小，弓形，背视罩形。壳顶钝圆，粗大，壳顶端微曲，增长缓慢。至口缘处略有扩大。背部圆，两侧钝圆，腹部凹斜。壳口近圆形，口缘薄，略向外卷，壳面仅见到同缘线和生长线的痕迹。背部具1对对称的背侧肌痕，肌痕简单，凸起，扁豆状，位近于壳体的中部。壳长0.798mm，壳高0.504mm，壳宽0.616mm。

产地层位 宜昌市天柱山；上震旦统—寒武系纽芬兰统灯影组顶部。

罩螺目 Tryblidioidea Lemche, 1957

罩螺超科 Tryblidiacea Pilsbry in Zittel-Eastmann, 1899

帐篷螺科 Scenellidae Wenz, 1938

原始锥属 *Protoconus* Yü, 1979

壳体极微小(不到1mm),瓢形,壳顶钝,位近中部或略偏前端。背部拱,具一条钝圆的背脊。壳口卵形或圆卵形,前缘略向上翘。

分布与时代 湖北西部;寒武纪纽芬兰世。

背脊原始锥 *Protoconus crestatus* Yü

(图版9,5)

壳体极微小。罩形,壳顶浑圆,位偏前端,呈球状突起。背部拱,中央具一条背脊,背脊粗,向后缘逐渐变为宽圆,其两侧为凹痕所限。壳口长卵形,前缘窄圆,略突出且翘起显著。壳面饰有同心线痕。壳长0.908mm,壳高0.35mm,壳宽0.63mm。

产地层位 宜昌市石牌;上震旦统—寒武系纽芬兰统灯影组顶部。

射线锥属 Actinoconus Yü, 1979

壳体极微小(不到1mm),壳体较高,帽形。壳顶钝突,位近前端。壳口近梨形,前缘截状,向上翘起且卷曲,后缘也翘起。壳面饰有放射肋和同心线。放射肋粗,呈规则排列,与同心线相交,呈网状饰纹。

分布与时代 湖北西部;寒武纪纽芬兰世。

梨形射线锥 *Actinoconus pyriformis* Yü

(图版9,7)

壳体微小,罩形,顶视似梨形,壳较高。壳顶钝圆,位偏前端,略突起。背部拱凸,前侧陡,后侧宽圆,迅速地斜向后缘。壳口近梨形,口缘平,向外展开,前缘窄圆,截状,向上翘起且略卷曲。两侧缘呈宽弧形弯曲;后缘宽圆,向上翘起。壳面饰有放射肋和同心纹。壳长0.644mm,壳高0.378mm,壳宽0.518mm。

产地层位 宜昌市石牌;上震旦统—寒武系纽芬兰统灯影组顶部。

帐篷螺属 *Scenella* Billings, 1872

壳小,锥形,壳顶钝,略偏向前端。前侧略陡,壳口圆。壳饰为微弱的同心线痕。

分布与时代 北美洲、中国南方;寒武纪纽芬兰世。

虎井滩帐篷螺 *Scenella hujingtanensis* Yü

（图版9，8）

壳小，中等高，锥形，壳顶钝，略偏向前端。前缘略陡，后侧斜，两侧宽圆。壳口椭圆形。壳面饰纹保存较差，仅隐约地见到一些同心线痕。肌痕未见到。壳长0.9mm，壳高1.60mm，壳宽1.30mm。

产地层位 宜昌市虎井滩，上震旦统—寒武系纽芬兰统灯影组顶部。

射线帐篷螺 *Scenella radiata* Yü

（图版9，6）

壳小，低扁，帽形，壳顶尖，偏向前端。前侧略凹，而后斜向前缘；后侧宽凸。壳面饰纹保存不完好，但能见到同心纹和放射肋。同心线细，有的呈皱纹状，在壳顶处能见到几条粗放射肋。壳长3.50mm，壳高0.70mm，壳宽2.60mm。

产地层位 宜昌市黄山洞；上震旦统—寒武系纽芬兰统灯影组顶部。

扁喙锥属 *Latirostratus* Yü，1979

壳体极微小，罩形，壳顶小，突出于前端。向前弯曲，近于壳口前缘。末螺环宽大，增长极迅速。壳口宽卵形，口缘平，前缘中部略拱起。壳面饰有同心线和同心褶。肌痕不详。

分布与时代 湖北西部；寒武纪纽芬兰世。

宽口扁喙锥 *Latirostratus amappleratus* Yü

（图版9，9）

壳体微小，罩形，背视卵圆形。壳顶小，壳顶端低、平截，突出于口缘，并向前弯曲。胎壳及早期螺环不详，至少有一个完整的螺环。末螺环极宽大，背部拱凸，呈半球形，向后缘骤然下斜。壳口宽卵形，口缘平，前缘宽平，中部略拱起。后缘宽圆，两侧平伸。壳面饰有粗的、间隙相同的同心褶7～8条和细而密集的同心纹。壳长1.202mm，壳高0.588mm，壳宽0.88mm。

产地层位 宜昌市天柱山；上震旦统—寒武系纽芬兰统灯影组顶部。

原蝛目 Archinacelloidea Knight et Yochlson，1958

原蝛超科 Archinacellacea Knight，1956

原蝛科 Archinacellidae Knight，1956

黄鳝洞锥属 *Huangshandongoconus* Yü，1979

壳体极微小（不到1mm），低罩形，壳顶钝圆，向前突出，与口缘相平行。壳口卵形，口缘平展。壳面纹饰未保存。背部具肌痕，肌痕粗大，位于背中部，约占背部长度的1/5，呈环带状突起，构造简单，钝圆。

分布与时代 湖北西部；寒武纪纽芬兰世。

帽状黄鳝洞锥 *Huangshandongoconus* pileus Yü

（图版9，10）

壳体极微小，低，罩形，壳顶钝圆，向前突出，但与口缘相平行。壳口卵形，口缘平，略向两侧展开，前缘微卷翻。前侧近于直，后侧拱圆，两侧斜，近口缘处略平伸。背部具肌痕，肌痕粗大，呈马蹄形突起，位于背部中部，约占背部长度的1/5，构造简单，钝圆，从背部向两侧延伸，且逐渐减缩，但未达前端。壳长0.546mm，壳高0.210mm，壳宽0.364mm。

产地层位 宜昌市黄山洞；上震旦统—寒武系纽芬兰统灯影组顶部。

扁锥属 *Laticonus* Yü，1979

壳体极微小（不到1mm），低扁，帽状。壳顶位于中部。壳口圆卵形，口缘粗厚，后缘浅缺凹。壳面饰有同心线和放射线。同心线细密，微呈波状，与细放射线相交，呈网状饰纹。近口缘处有一宽的凹带。

分布与时代 湖北西部；寒武纪纽芬兰世。

峡东扁锥 *Laticonus xiadongensis* Yü

（图版9，11）

壳体极微小，宽帽状，较扁。壳顶位近中部。背部略破损，前侧略陡，后侧斜。壳口圆卵形，口缘厚，前缘窄圆，微翘起，两侧缘稍内卷，后缘中央具一缺凹，缺凹窄浅。壳面饰有同心线和放射线，同心线细密，微呈波状，放射线细，两者相交呈网状饰纹。近口缘处有一凹带，凹带宽。壳长0.70mm，壳高0.322mm，壳宽0.532mm。

产地层位 宜昌市黄山洞；上震旦统—寒武系纽芬兰统灯影组顶部。

同心锥属 *Centriconus* Yü，1979

壳体极微小（不到1mm），宽锥形，壳顶尖，略向前突出，位近中部。壳口卵圆形，口缘略扩展。壳面饰有同心纹和放射纹，两者相交呈方格状饰纹。近口缘处有一环形突起，呈窄带状，可能为环状肌痕。

分布与时代 湖北西部；寒武纪纽芬兰世。

美丽同心锥 *Centriconus lepidus* Yü

（图版9，12）

壳体极微小，宽锥形，壳顶尖，位近中部，壳顶端向前尖，略破损。前侧斜，后侧拱凸。壳口卵圆形，口缘微扩展。壳面纹饰发育，饰有细密的同心纹和放射纹，两者相交呈方格状饰纹。近口缘处有一环状窄带突起。壳长0.742mm,壳高0.476mm,壳宽0.602mm。

产地层位 宜昌市天柱山;上震旦统—寒武系纽芬兰统灯影组顶部。

高锥科 Hypseloconidae Knight,1956

钝锥属 *Obtusoconus* Yü 1979

壳体极微小,弓锥形,壳顶钝圆。壳口椭圆形,口缘厚,壳面饰有同心褶。

分布与时代 湖北西部;寒武纪纽芬兰世。

少肋钝锥 *Obtusoconus paucicostatus* Yü

(图版10,2)

壳高且窄,曲锥形,壳顶钝圆,微向前曲,前侧窄,近壳顶约1/3处凹曲,尔后逐渐凸向口缘,后侧窄圆,拱凸,两侧宽圆。壳面饰有同心褶4~5条。近壳顶的第一条同心褶略斜,与口缘呈65°相交,第二条略斜,与口缘呈55°相交,第三条微斜,第四条几乎与口缘相平行。壳口椭圆形。壳长0.434~0.392mm,壳高0.504~0.448mm,壳宽0.210~0.182mm。

产地层位 宜昌市天柱山;上震旦统—寒武系纽芬兰统灯影组顶部。

多肋钝锥 *Obtusoconus multicostatus* Yü

(图版10,3)

此种与*O.paucicostatus*的区别,在于前者的壳体较高,前侧凹凸形,壳顶较弯曲和较多的同心褶。壳长0.462mm,壳高0.644mm,壳宽0.322mm。

产地层位 宜昌市黄山洞;上震旦统—寒武系纽芬兰统灯影组顶部。

目未定 Order Uncertain

缺凹锥科 Sinuconidae Yü,1979

瓢锥属 *Spatuloconus* Yü,1979

壳体极微小,瓢形,壳顶钝圆,位近中部,或偏前端。壳口瓢形,口缘向后相应延伸,缺凹浅,壳面饰有同心纹。

分布与时代 湖北西部;寒武纪纽芬兰世。

原始瓢锥 *Spatuloconus rudis* Yü

(图版10,1)

壳体极微小,瓢形,壳顶钝圆,位近中部。背部拱圆,前侧凸圆,后侧斜。壳口瓢形,口缘厚,前缘宽圆,后缘窄,且逐渐延伸,缺凹浅。壳面饰有同心脊和放射脊。同心脊粗,微呈波状弯曲;放射脊少,分布不均匀。壳长0.532~0.546mm,壳高0.252~0.350mm,壳宽0.154~0.256mm。

产地层位 宜昌市黄山洞；上震旦统—寒武系纽芬兰统灯影组顶部。

莲沱锥属 *Liantuoconus* Yü, 1979

壳体极微小（不到1mm），低，帽形，壳顶小，略突起，壳顶端圆凸，位近中部，壳口近梨形，口缘粗厚，前缘呈角状突出，后缘具宽缺凹。壳面光滑。肌痕不详。

分布与时代 湖北西部；寒武纪纽芬兰世。

优美莲沱锥 *Liantuoconus pulchrus* Yü

（图版10，4）

壳体微小，低帽形，壳顶小，略突起，壳顶端圆凸，位近中部。背部圆，后侧略陡，前侧宽，缓慢地斜向前端。壳口梨形，口缘粗厚，前缘呈角状突出，后缘宽，具缺凹。缺凹宽，近半圆形。壳面光滑。壳长0.532mm，壳高0.238mm，壳宽0.434mm。

产地层位 宜昌市黄山洞；上震旦统—寒武系纽芬兰统灯影组顶部。

缺凹锥属 *Sinuconus* Yü, 1979

壳体微小，帽形，盾形，壳顶钝，位近中部。壳口宽卵形，口缘厚且略向上翘起，后缘具宽U形缺凹。壳面饰有同心状皱褶。肌痕不详。

分布与时代 湖北西部；寒武纪纽芬兰世。

盾形缺凹锥 *Sinuconus clypeus* Yü

（图版10，5）

壳小，盾形，壳顶钝圆，位近中部。背部宽凸，前侧陡，后侧平斜，两侧斜。壳口长卵形，口缘厚，前缘宽圆；两侧缘近于平行；后缘截状，具缺凹。缺凹宽大，呈U形。壳面饰有同心状皱纹，皱纹粗，呈波状弯曲，尤以近口缘处最为显著。壳长0.77mm，壳高0.239mm，壳宽0.546mm。

产地层位 宜昌市黄山洞；上震旦统—寒武系纽芬兰统灯影组顶部。

波纹缺凹锥 *Sinuconus undatus* Yü

（图版10，7）

此种与 *S.clypeus* Yü的区别在于壳口圆卵形，缺凹呈槽状，两侧缘呈弧形弯曲，且向外扩展。壳长0.574mm，壳高0.280mm，壳宽0.504mm。

产地层位 宜昌市黄山洞；上震旦统—寒武系纽芬兰统灯影组顶部。

缺缘锥属 *Emarginoconus* Yü, 1979

壳体极微小（不到1mm），低锥状，笠状。壳顶低，壳顶端钝圆，突出，位近后端。壳口近圆形，口缘厚，双层状，后缘中央具V形缺凹。壳面饰有同心状皱纹和放射纹。肌痕不详。

分布与时代 湖北西部；寒武纪纽芬兰世。

奇异缺缘锥 *Emarginoconus mirus* Yü

（图版10，6）

壳体极微小，低圆锥形，壳顶低，位偏向后端。从壳顶至壳口前缘呈宽弧形弯曲，至后缘则呈明显的凹曲面。壳口近圆形，双层形，外层薄，向外略翻转且扩展；内层粗厚，内外两层之间界以凹沟。后缘中央具一缺凹，缺凹小，呈V形凹曲。壳面仅隐约可见到一些同心纹和模糊的生长线。壳长0.658mm，壳高0.280mm，壳宽0.658mm。

产地层位 宜昌市天柱山；上震旦统—寒武系纽芬兰统灯影组顶部。

目未定 Order Uncertain

古孔蝛超科 Archaeotremariacea Yü, 1979

古孔蝛科 Archaeotremariidae Yü, 1979

粒锥属 *Granoconus* Yü, 1979

壳小，弓形，壳顶钝，略突出。背部拱凸，窄圆，中央呈脊状突起，背脊上3～5个乳突状突起，可能是孔洞的遗迹。壳面饰有粒状突起。壳口长卵形。肌痕不详。

分布与时代 湖北西部；寒武纪纽芬兰世。

具孔粒锥 *Granoconus trematus* Yü

（图版10，8）

壳体小，弓形，壳顶钝，向前突起，与口缘相平行。前侧凹，两侧宽平，背部拱凸，窄圆，中央呈脊状突起，背脊上有4个乳状突起。位于壳顶端上的一个细小；第2个位于背侧3/4处，第3个稍大，位于背部中部，突起较显著，第4个粗大，突起显著，顶端突。这些突起可能是出水管留下来的。壳面饰有粒状突起，呈规则排列，粗细不一。壳口长卵形，口缘平。壳长0.95mm，壳高0.602mm，壳宽0.546mm。

产地层位 宜昌市虎井滩；上震旦统—寒武系纽芬兰统灯影组顶部。

腹足纲　Gastropoda

腹足类动物广泛地分布在海洋、淡水中和陆地上。软体分为头部、足部和内脏囊三部分，体外常具一个螺旋形、圆锥形、笠形或平旋形的螺壳。若将壳顶向上，壳口向观察者，壳口位于右方者称右旋壳，在左方者称左旋壳。螺塔的顶端叫壳顶，相反的一端称螺底。全壳有螺环数层，最后的一环称末螺环（体环），末螺环以上所有螺环统称螺塔。每两个螺环的外接触线叫缝合线。壳顶增长的线条称生长线，生长线的粗细和弯曲的形状，往往可以反映壳口的轮廓。口盖或有或无。

根据螺壳旋转松紧的不同，可分为松旋壳和紧旋壳两类。前者的中心留有宽窄不一的孔隙，叫脐孔。后者的中部则具有坚实的壳轴。

螺壳的开口称壳口，壳口的外缘称外唇，其内缘叫内唇，内唇有时具加厚壳质称结茧。

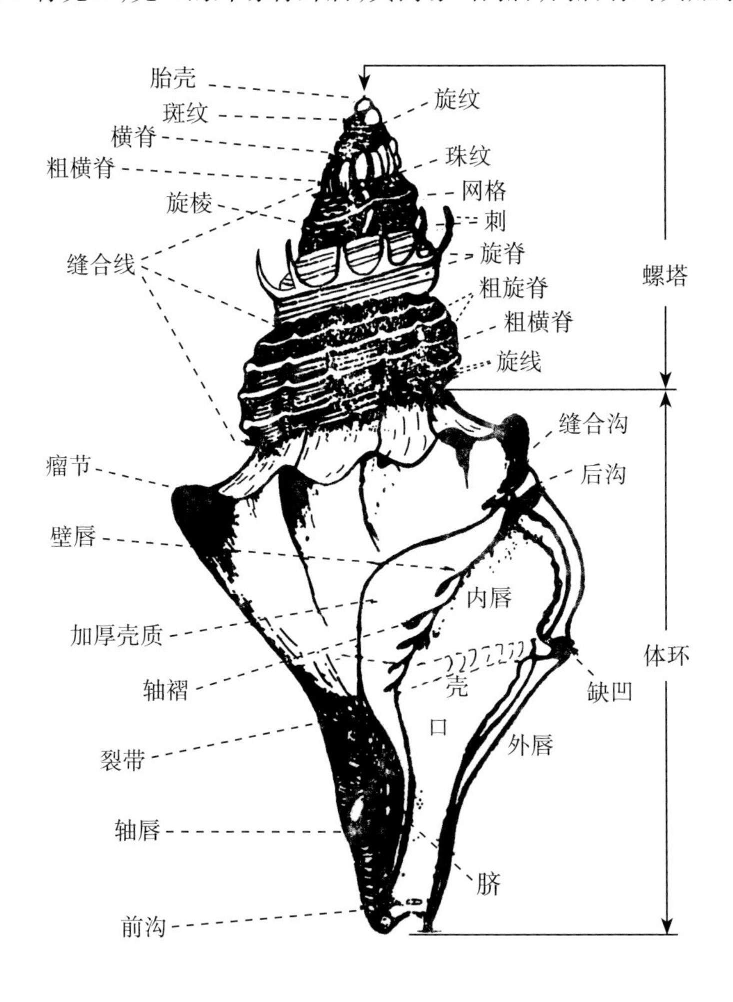

图12　腹足类螺壳各部构造及纹饰综合图

某些种类的外唇具有深浅不同的缺口和裂口，裂口逐渐被壳质填充，形成裂带。内外唇之间具有缺凹者称不全缘式，反之则称为全缘式。

螺壳的表面或光滑或具有各种纹饰,见图12。

古腹足目 Archaeogastropoda Thiele, 1925

太阳女神螺科 Helcionellidae Wenz, 1938

台座螺属 *Bemella* Missarzhevsky, 1969

壳小,中等高,曲锥形,壳顶钝圆,略斜,弯向前缘,背部窄,拱凸。从壳顶至前缘呈一凹曲面,两侧宽圆。壳口椭圆形。壳面饰有同缘褶。

分布与时代 苏联西伯利亚,中国南方;寒武纪纽芬兰世。

简单台座螺 *Bemella simplex* Yü

（图版10,9）

壳小、中等高,曲锥形,壳顶钝圆,略斜,弯向前缘。背部窄,拱凸。从壳顶至前缘呈一凹曲面,两侧宽圆。壳口椭圆形,前缘比后缘宽。壳面饰有同缘褶,同缘褶粗大,有5～6条,褶顶钝圆。褶间隙宽大。壳长1.00mm,壳高0.50mm,壳宽0.60mm。

产地层位 宜昌市黄山洞;上震旦统—寒武系纽芬兰统灯影组顶部。

奇异台座螺? *Bemella*? *mirabilis* Yü

（图版10,10）

此种与*B. simplex* Yü的不同,在于本种背部略突起,壳顶端略卷曲和卵圆形的壳口。壳长0.88mm,壳高0.756mm,壳宽0.574mm。

产地层位 宜昌市黄山洞;上震旦统—寒武系纽芬兰统灯影组顶部。

太阳女神螺属 *Helcionella* Grabau et Shimer, 1909

壳体中等大小,低弓形,壳顶钝,略突起。背部拱凸,前侧缘凹曲。壳口椭圆形,口缘略扩展。同缘褶明显。

分布与时代 欧洲,中国南方;寒武纪纽芬兰世。

天柱山太阳女神螺 *Helcionella tianzhushanensis* Yü

（图版10,11）

壳体中等大小,低弓形,壳顶钝,位偏前端,略突起。背部拱凸,前缘微凸曲,后侧凸圆。壳口椭圆形,口缘略扩展。壳面具同缘褶6～7条,同缘褶粗大且高,褶顶宽圆,褶间隙窄。壳长8.70mm,壳高2.30mm,壳宽6.40mm。

产地层位 宜昌市天柱山;上震旦统—寒武系纽芬兰统灯影组顶部。

拉氏螺属 *Latouchella* Cobbold 1921

壳高，弓形，壳顶弯曲，壳顶端尖，向壳口迅速增大。背部窄圆，两侧宽圆，壳面饰有同缘褶、同缘线和放射纹。

分布与时代 苏联，中国南方；寒武纪纽芬兰世。

三峡拉氏螺 *Latouchella sanxiaensis* Yü

（图版11,1）

壳高，弓形，壳顶弯曲，壳顶端尖，向壳口迅速增大。背部窄圆，两侧宽圆。壳面饰有同缘褶，同缘线和放射纹。同缘褶粗大，约有7条，同缘线分粗细两组，粗同缘线分布不均匀，间隙宽窄不一；细同缘线均匀分布，与放射纹相交成方格状饰纹。壳长5.50mm，壳高4.50mm，壳宽1.90mm。

产地层位 宜昌市黄山洞；上震旦统—寒武系纽芬兰统灯影组顶部。

华美拉氏螺 *Latouchella lauta* Yü

（图版11,2）

此种与*Latouchella sanxiaensis* Yü不同之处，在于壳顶突起，壳体的前侧较为凹曲和饰有粗格状纹饰。

产地层位 宜昌市黄山洞；上震旦统—寒武系纽芬兰统灯影组顶部。

黄鳝洞拉氏螺 *Latouchella huangshandongensis* Yü

（图版10,3）

此种与 *Latouchella lauta* Yü的区别在于壳口较宽，壳顶较钝和仅饰有粗同缘褶。它与*L.sanxiaensis* 的不同是后者的壳体较大，壳顶较弯曲和饰有细格状饰纹。壳长3.20mm，壳高3.30mm，壳宽2.00mm。

产地层位 宜昌市黄山洞，虎井滩；上震旦统—寒武系纽芬兰统灯影组顶部。

孟莫拉氏螺（相似种） *Latouchella* cf. *memorabilis* Missarzhevsky

（图版11,6）

壳小，壳顶弯曲显著，壳顶宽凸，饰有粗同心褶，褶间隙宽大。此标本与苏联西伯利亚地台下寒武统托莫特层所产的 *Latouchella memorabilis* Miss. 相似，不同之点是我国标本的同心褶较粗，壳体较小。

产地层位 宜昌市黄山洞；上震旦统—寒武系纽芬兰统灯影组顶部。

粗锥属 *Asperoconus* Yü, 1979

壳小,弓形,顶端突出,微弯曲,偏向前端。两侧宽平,背侧拱,前侧略凹。壳口近椭圆形,前缘略翘起。壳面饰瘤状突起。肌痕不详。

分布与时代 湖北西部;寒武纪纽芬兰世。

粒状粗锥 *Asperoconus granuliferus* Yü

（图版11,4）

壳体小,弓形,壳顶突出,微弯曲,与前缘相平行。前侧宽凹;背侧拱凸,向后缘逐渐变宽;两侧宽平,近口缘处略有扩展。壳口椭圆形,口缘略扩大,前缘略翘起。壳面饰有瘤粒状突起,瘤粒细,规则分布,近口缘处略为粗大些。壳长0.110mm,壳高0.082mm,壳宽0.075mm。

产地层位 宜昌市黄山洞,上震旦统—寒武系纽芬兰统灯影组顶部。

伊高尔螺属 *Igorella* Missarzhevsky, 1969

壳小,高弯锥形(或弓形),具有鹰嘴形弯曲的壳顶,壳口平、椭圆形。背部窄,凸圆;两侧宽圆。壳饰呈生长线,略显横向壳褶,常有纵向和横向的细脊。

分布与时代 中国、苏联;寒武纪纽芬兰世。

钩状伊高尔螺 *Igorella hamata* Yü

（图版11,7）

壳体呈弓形,壳顶尖锐,呈钩状弯曲。背部窄,凸圆;前侧窄,呈弧形凹曲;两侧宽圆。壳口椭圆形,口缘平。壳面饰有同心褶和放射纹。同心褶粗大,与褶间隙几等宽,有12～13条。放射纹模糊,但分布均匀。壳长2.90mm,壳高1.60mm,壳宽1.30mm。

产地层位 宜昌市天柱山;上震旦统—寒武系纽芬兰统灯影组顶部。

弓形伊高尔螺? *Igorella? cyrtoliformis* Yü

（图版11,5）

此种与*I. mthaaa* Yü的不同,在于壳体较细长,壳顶较弯曲和壳口较圆等特征。壳长1.188mm,壳高0.700mm,壳宽0.742mm。

产地层位 宜昌市天柱山;上震旦统—寒武系纽芬兰统灯影组顶部。

西陵伊高尔螺 *Igorella xilingensis* Chen et al.

（图版11,17）

壳小,高弯锥形。壳顶钝圆,向后缘弯曲呈鹰嘴状,壳顶位置超越后缘。壳口椭圆形。

壳表略显细密的同心纹。壳口长4.2mm,壳口宽3.8mm,壳高6.1mm。壳顶倾斜角约110°。

产地层位 宜昌市石牌松林坡;上震旦统—寒武系纽芬兰统灯影组顶部。

洁净螺属 *Purella* Missarzhevsky,1974

壳小,帽形,壳顶突起,微弯。背部具一条背脊,其两侧有凹沟。壳口近卵形。肌痕不详。

分布与时代 苏联,中国南方;寒武纪纽芬兰世。

雅致洁净螺 *Purella elegans* Yü

(图版11,8)

壳小,帽形,壳顶突起,微弯曲,壳顶端钝。背部具一条粗大背脊,并且突起,其两侧为凹沟所限;前侧宽凹;两侧宽圆。壳口近卵形,口缘略破损,壳面纹饰脱落。壳长1.70mm,壳高1.00mm,壳宽1.20mm。

产地层位 宜昌市虎井滩;上震旦统—寒武系纽芬兰统灯影组顶部。

天柱山洁净螺? *Purella*? *tianzhushanensis* Yü

(图版11,9)

此种与*Purella elegans* Yü的差异在于背脊较低平和壳顶钝圆。

产地层位 宜昌市黄山洞;上震旦统—寒武系纽芬兰统灯影组顶部。

麦地坪锥属 *Maidipingoconus* Yü,1979

壳小,罩形,匙形,壳顶尖,弯曲,达到壳口的前缘。壳口大,近卵形,口缘平。壳面饰有同缘褶和细放射纹。肌痕不详。

分布与时代 湖北西部;寒武纪纽芬兰世。

麦地坪麦地坪锥 *Maidipingoconus maidipingensis*(Yü)

(图版11,18)

特征与属的特征同。

产地层位 宜昌市虎井滩;上震旦统—寒武系纽芬兰统灯影组顶部。

峡东锥属 *Xiadongoconus* Yü,1979

壳体极微小,较低、弓形。壳顶高,向前突出,壳顶端微曲。背部拱凸,前侧凹曲。前端具半圆形突起。壳面饰同心状饰纹。肌痕不详。

分布与时代 湖北西部;寒武纪纽芬兰世。

光亮峡东锥　*Xiadongoconus luminosus* Yü

（图版11，16）

壳体极微小，较低扁，弓形。壳顶略高起，向前突出，壳顶端微曲，位偏前端。背部拱凸且宽圆，前侧凹曲，前端呈半圆形突起，突起的两侧微凹；两侧圆凸。壳口宽卵形，前缘微凹，后缘宽圆。壳面饰有同心纹。壳长0.77mm，壳高0.378mm，壳宽0.644mm。

产地层位　宜昌市黄山洞；上震旦统—寒武系纽芬兰统灯影组顶部。

偏顶螺属　*Ginella* Missarzhevsky，1969

壳不大，10～15mm，壳高，锥形，壳顶缓缓弯曲略为偏心、口平、圆或宽椭圆形，壳的前后面区别很小。纹饰有宽的同心褶、较细的同心纹和放射纹。

分布与时代　中国、苏联、澳大利亚、美洲；寒武纪纽芬兰世—第三世。

大型偏顶螺　*Ginella granda* Chen et al.

（图版11，11、15）

壳中等大小，罩形（盔形）。壳口宽椭圆形。壳顶钝圆，向后弯曲，喙顶凌驾于后缘之上。壳的横切面在始部为扁椭圆形，前缘比后缘略宽些，具明显的同心褶9～11个，口部壳褶宽2.1mm，近喙部褶宽0.85mm，褶间为较窄的浅槽，褶上有次级同心纹，并有明显的放射纹。喙顶倾斜角 α 角90°～100°。口长径10mm，壳高8.2mm，壳宽7mm。

产地层位　宜昌市石牌松林坡；上震旦统—寒武系纽芬兰统灯影组顶部。

高偏顶螺　*Ginella altaica* Chen et al.

（图版11，14）

壳小，高弯锥形，壳顶钝圆，向后缓缓弯曲。口平，椭圆形。壳表具分布不匀的同心褶，在中部较清楚，并有次一级的同心沟纹。壳口长5.5mm，壳高6.1mm。壳顶倾斜角90°（指口部水平线与后缘至壳顶连线的夹角）。

产地层位　宜昌市石牌松林坡；上震旦统—寒武系纽芬兰统灯影组顶部。

高帽螺属　*Tannuella* Miss.，1969

壳中等大小（10mm以上），直锥形，壳的喙部位于壳顶中央，有明显的同心褶。口为卵圆形。壳顶部有横隔板。

分布与时代　中国、苏联；寒武纪纽芬兰世。

赵氏高帽螺　*Tannuella chaoi* Chen et al.

（图版11,10）

壳体中等大小,高帽形,扁宽锥状,壳直,喙顶略偏。壳顶至壳中部的生长角较大,中部至口部的生长角变小,外表有13条同心褶,近口部褶间距为1.2mm,近始部褶间距为0.7mm,壳褶顶部宽圆,褶、槽间距大致相等,褶上有次级同心沟。壳口长6.4mm,壳高8.3mm。

产地层位　宜昌市石牌松林坡,上震旦统—寒武系纽芬兰统灯影组顶部。

松林螺属　*Songlinella* Chen et al. ,1981

壳小,高帽形。喙顶向后弯曲呈鹰嘴状,凌驾于后缘之上,并略超过后缘,壳口为扁椭圆形。壳体有5条尖棱状同心横脊,脊间有V形沟分隔,横沟内有分布不匀的横纹。始部有细密的横纹。壳口长4.4mm,壳高3.8mm,近口部脊间距为1.40mm。后侧面横脊不清楚。

分布与时代　宜昌市;寒武纪纽芬兰世。

美丽松林螺　*Songlinella formosa* Chen et al.

（图版11,13）

特征与属同。

产地层位　宜昌市石牌松林坡;上震旦统—寒武系纽芬兰统灯影组顶部。

环旋螺科　Coreospiridae Knight,1947

黄陵螺属　*Huanglingella* Chen et al.　1981

壳体中等大小,卷曲一周半,旋卷较紧,具有两个壳圈环。口部保存不完整,可能为椭圆形,口长约3.3mm,壳高约4.4mm。壳自始部迅速旋卷扩大呈喇叭形。表面具很多同心横脊,横脊间被宽而浅的沟分隔。同心横脊在始部密集排列,在口部脊间距加宽为1mm。同心横脊可达26个左右。近口部的浅沟内较光滑,未见纹饰。横脊一般为尖棱状。

分布与时代　宜昌市石牌松林坡;寒武纪纽芬兰世。

多肋黄陵螺　*Huanglingella polycostata* Chen et al.

（图版11,12）

特征与属的特征相同。

产地层位　宜昌市石牌松林坡;上震旦统—寒武系纽芬兰统灯影组顶部。

马氏螺亚目　Macluritina Ulrich et Scofild, 1897

始旋螺科　Archaeospiridae Yü, 1979

始旋螺属　*Archaeospira* Yü, 1979

壳小至微小，左旋，盘旋，胎壳及早期螺环不详，末螺环迅速扩大。周缘凸圆。壳口大，长卵形，无缺凹。壳面饰有粗同缘褶。

分布与时代　湖北西部；寒武纪纽芬兰世。

艳饰始旋螺　*Archaeospira ornata* Yü

（图版11，19）

壳小，左旋，盘旋，胎壳和早期螺环不详，末后一螺环完整，迅速增大，并包住早期的螺环。上侧面宽平，缓慢地斜向周缘，周缘凸圆；底部圆凸，并逐渐斜向脐区。脐孔小。壳口大，长卵形，口缘完整，外唇呈弧形弯曲，上缘宽平，下缘宽圆。壳长0.964mm，壳高0.378mm，壳宽0.714mm。壳口长0.658mm，壳口宽0.375mm。

产地层位　宜昌市石牌；上震旦统—寒武系纽芬兰统灯影组顶部。

覆瓦始旋螺？　*Archaeospira* ? *imbricata* Yü

（图版11，20）

此种与*Archaeospjra ornata* Yü不同之点在于覆瓦状的同缘褶和卵形的壳口。壳长0.560mm，壳高0.308mm，壳宽0.400mm，壳口长0.420mm。

产地层位　宜昌市黄山洞；上震旦统—寒武系纽芬兰统灯影组顶部。

爪唇螺科　Onychochilidae Koken, 1925

寒武螺属　*Cambrospira* Yü, 1979

壳小，倒锥形，极右旋，底部螺塔高。具规则增长的螺环4～6个。壳口近圆形，外唇下部微呈角状。无脐。

分布与时代　湖北西部；寒武纪纽芬兰世。

中华寒武螺　*Cambrospira sinensis* Yü

（图版24，14）

壳小，倒锥形，极右旋，底部螺塔高，胎壳及早期螺环脱落，仅保存5个螺环。螺环增长缓慢且规则，末螺环的后半环略扩大，上斜面窄。螺环宽圆，为斜的缝合线所分隔。缝合线深度适中。壳口近圆形，外唇下部微呈角状。壳饰保存差，无脐。壳高3.8mm，壳宽2.9mm，口径近1.8mm。

产地层位　宜昌市黄山洞；上震旦统—寒武系纽芬兰统灯影组顶部。

马氏螺科 Macluritidae Fischer, 1885

马氏螺属 *Maclurites* Lesueur, 1818

壳体大小不一，下侧面螺环明显，环外侧直或略倾斜；壳饰有旋纹及生长线，在下侧面的生长线弯曲；口盖片状或角状，其内侧偶能看到肌痕。

分布与时代 世界各地；寒武纪（？）—奥陶纪。

蜒螺型马氏螺 *Maclurites neritoides*（Eichwald）

（图版24，13）

壳中等大小，为4个迅速增大的螺环所组成；下侧平，近缝合线处略凹陷，边缘呈钝角状；环外侧稍凸，并向脐部略斜，脐孔中大，约小于壳径的1/2，脐缘角状；壳面有生长线。

产地层位 宜昌市；下—中奥陶统大湾组。

马氏螺？（未定种） *Maclurites* ? sp.

（图版11，21）

壳小，最大壳径为12mm。极右旋，盘旋。螺环增长迅速。下侧面圆凸，缝合线深。从螺环切面看，周缘宽圆，并斜向脐缘。脐孔宽大，脐缘角状，脐壁斜陡。壳面饰有生长线，生长线细，略弯曲。

产地层位 宜昌市天柱山；上震旦统—寒武系纽芬兰统灯影组顶部。

全脐螺科 Euomphalidae Koninck, 1881

松旋螺属 *Ecculiomphalus* Portlock, 1843

螺环一般松旋，上侧具旋棱，下侧窄圆，旋棱上部的生长线呈不规则的弯曲；壳口圆形或角状。

分布与时代 亚洲、北美洲、欧洲；奥陶纪—泥盆纪。

中华松旋螺 *Ecculiomphalus sinensis*（Frech）

（图版24，11）

壳中等大小，由3或4个逐渐增长的螺环组成。螺塔低陷，环上侧向内凹斜，环外侧稍凸，两侧交成一条极尖锐的旋棱，该旋棱常超覆于前一螺环的内缘之上。底部圆，脐孔大，外唇具一个浅缺凹。

产地层位 秭归县；下—中奥陶统大湾组。

阿氏松旋螺 *Ecculiomphalus abendanoni* (Frech)

(图版24,10、12)

该种与*E. alatus* 相似,不同点在于:壳体由少数明显的螺环所构成,螺环切面呈三角形,环外侧拱起和底部呈明显的棱角状等特征。

产地层位 宜昌市;下—中奥陶统大湾组。

翁戎螺亚目 Pleurotomariina Cox et Knight,1960

线凹口螺科? Raphistomatidae? Koken,1896

天柱山螺属 *Tianzhushanospira* Yü,1979

壳体微小,透镜形。螺塔低,塔顶尖。具螺环3个。螺环的上侧面平,缝合线浅。末螺环迅速增大,周缘角状,底部圆凸。无脐。壳口宽大,椭圆形。

分布与时代 湖北西部;寒武纪纽芬兰世。

单棱天柱山螺 *Tianzhushanospira unicarinata* Yü

(图版24,8)

壳体极微小,透镜状,双凸形。螺塔低锥形,壳顶尖。胎壳脱落,仅保存螺环3个。螺塔部各螺环面平,近缝合线处略凹,缝合线浅。末螺环迅速增大,周缘棱角状。底部圆凸,无脐。壳口宽大,近椭圆形,外唇上部略破损。壳面饰纹保存较差,其他特征不详。壳高0.546mm,壳宽0.880mm,壳口高度0.350mm,壳口宽度0.546mm。

产地层位 宜昌市天柱山;上震旦统—寒武系纽芬兰统灯影组顶部。

头足纲 Cephalopoda

1. 概述

头足纲是软体动物门中最为高等的一纲。它们都是生活在咸度比较固定的海水中。

头足纲动物身体两侧对称。头足纲动物是卵生雌雄异体的动物。

头足纲根据壳位置的不同可以分为两个亚纲;壳包围软体的叫外壳亚纲。因为它具有4个鳃,所以又称为四鳃亚纲,如鹦鹉螺,地质时期的菊石等(见图13)。壳被肉质薄膜包围,形成内骨骼,或内骨骼退化的叫作内壳亚纲。因为它具有2个鳃,所以又称为二鳃亚纲。如现代的章鱼、乌贼、地质时期的箭石等。

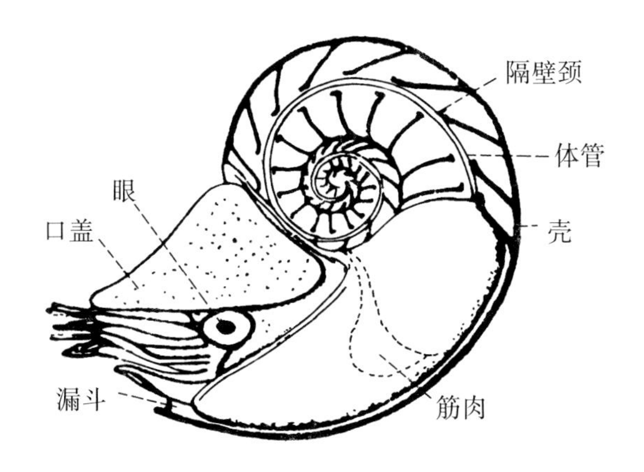

图13　鹦鹉螺的剖面表示肉体及内部构造

2．头足纲形态和主要构造

鹦鹉螺超目（习惯上称角石类）的大小和外形差别很大。其大小以直形壳为例，小的个体只有十几毫米，最长可达9m，一般多为几十厘米。壳的外形也是多种多样的，有直形的、弓形的、环形的、旋卷形的，更有一部分是塔锥形的（图14）。

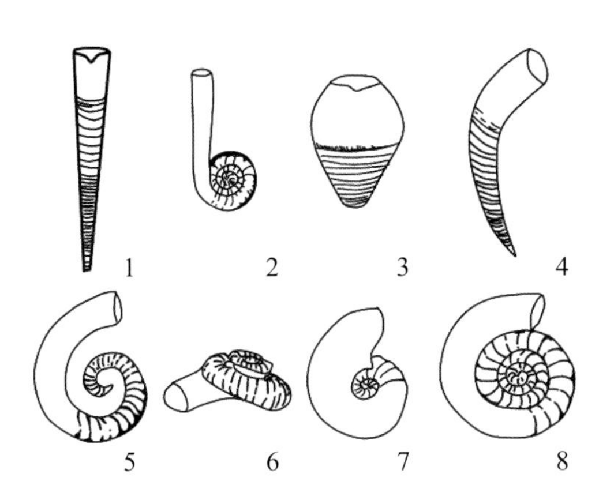

图14　鹦鹉螺壳的类型

1.直角石式壳；2.喇叭石式壳；3.短角石式壳；4.弓角石式壳；

5.环角石式壳；6.锥角石式壳；7.鹦鹉螺式壳；8.触环角石式壳

直角石式、弯角石式和短角石式壳体纵横的变化是这一类角石分类的主要特征之一，在纵向上，壳体直径可以是从始端向口部均匀增大，也可以在不同壳段具有不同的增长速率，使这些部位表现出膨胀或收缩，因此我们常用壳体扩大率（或称放大率）来表示：

$$扩大率=\frac{前端直径-后端直径}{两端间的距离}$$

当壳体弯曲时，向腹部凸的称外腹弯曲壳；相反，向腹部凹时称内腹弯曲壳（图15）。

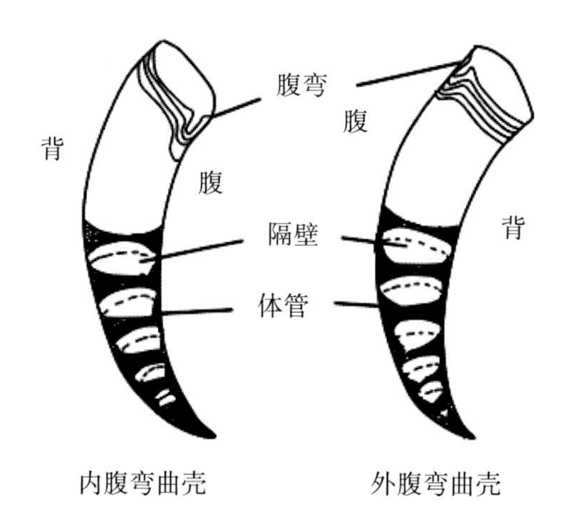

图15 壳体弯曲结构

在旋卷形壳中,旋环的侧部全部被下一旋环包围的称包旋,根据露出的多少分别称为半内卷、半外卷、外卷(图16)。平旋形壳各旋环侧面露出的低凹部分称脐。脐中心可以是被一小孔贯穿,称为脐孔(图17)。包卷的程度和腹部形状决定旋环横断面的形态。

图16 头足类旋卷的类型

1.外卷; 2.半外卷; 3.半内卷; 4.内卷

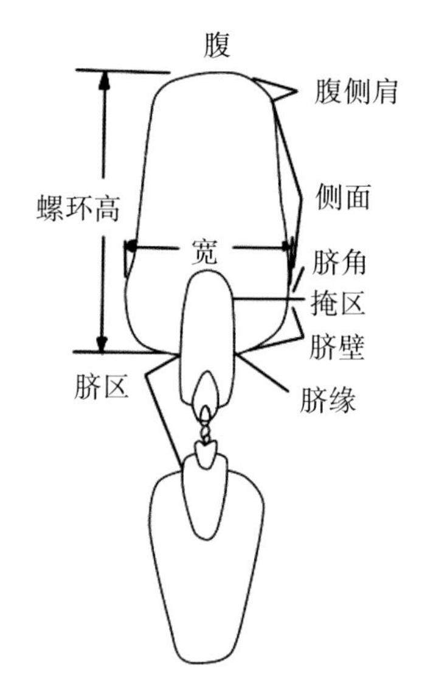

图17 脐孔结构

壳壁分内外两层,内壳层和外壳层。壳内有许多漏斗形隔壁,将其分为若干气室。壳体最前部的空室叫住室(图18)。隔壁中央有圆孔叫隔壁孔。穿过所有隔壁孔,从住室直达壳尖(胎壳处),有一条肉质管称串管。两隔壁之间有隔壁颈和连接环组成的体管。完备的体管包括两部分,即外体管及内体管。内体管包括内锥、环珠、辐射柱等(图19)。根据隔壁颈的有无和弯直长短,可分为直短颈式、弯短颈式、全颈式(图20、图21)。

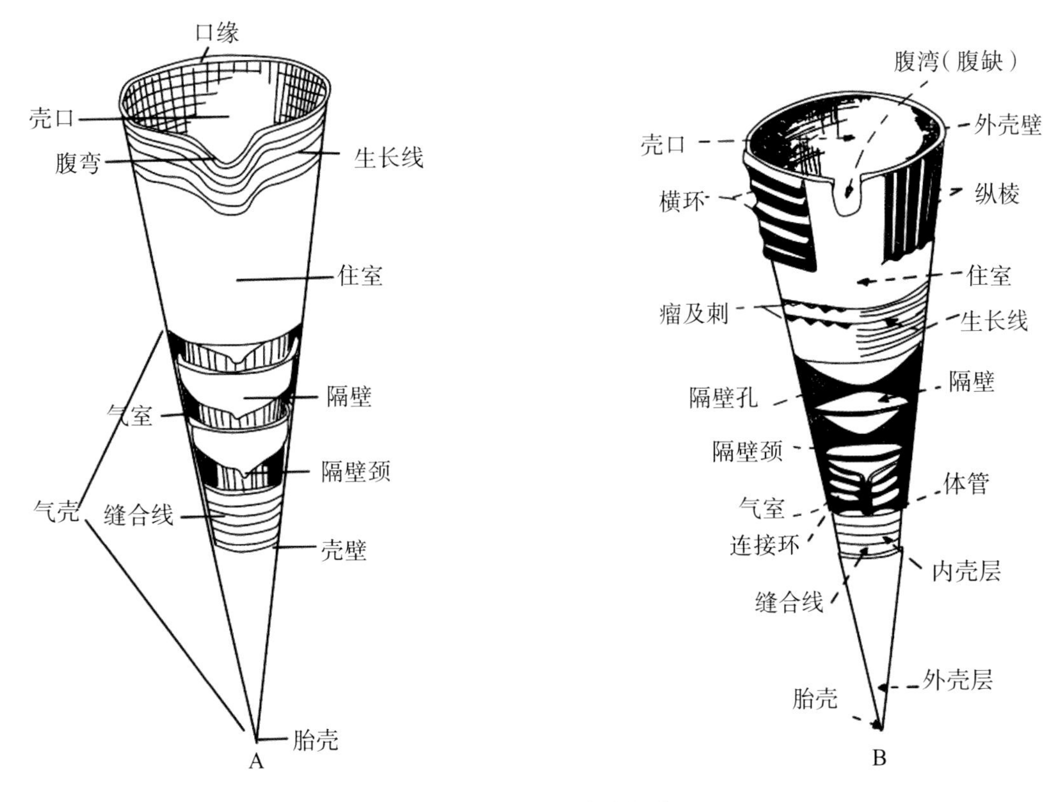

图18　直角石壳的构造

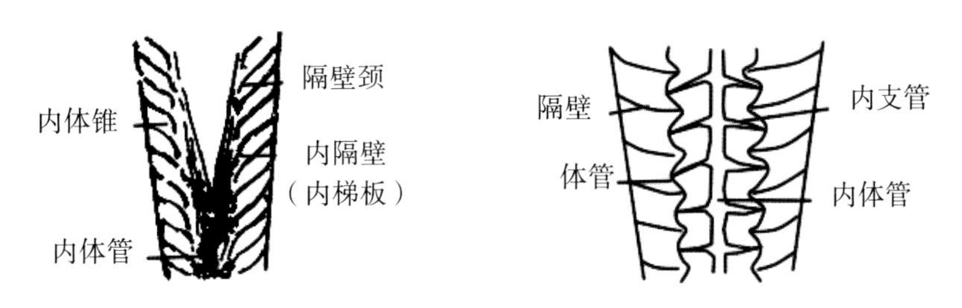

图19　鹦鹉螺体管构造

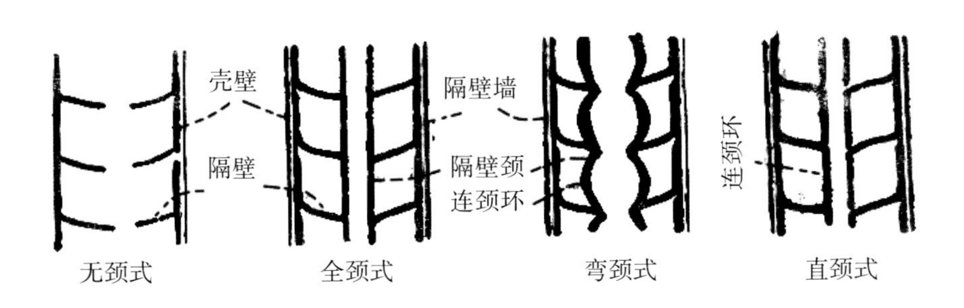

图20　鹦鹉螺体管颈的类型

图21　隔壁颈的类型名称

壳面具饰纹，大多数鹦鹉螺化石壳面光滑或具微细的生长线，但有的具横肋（或称轮环）或旋向的纵旋纹，有的具有瘤、刺等。还有的旋环上具数目不等的收缩沟（图22，图23）。

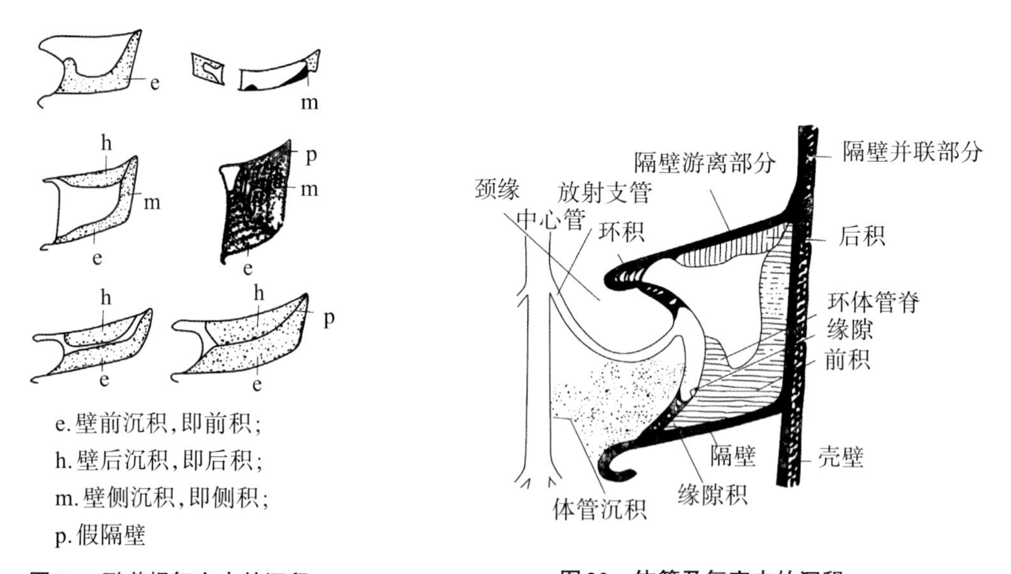

图22　鹦鹉螺气室内的沉积　　**图23　体管及气室内的沉积**

隔壁与壳壁内面相接触的线称缝合线，亦称隔壁线。缝合线凸向前方（即口方）部分称为鞍部，凸向后方（即胎壳方）部分称为叶部。最基本的叶部共有四个：位于腹部的称腹叶

（亦称外叶），两侧部的称侧叶，背部的称背叶（亦称脊叶），位于脐部脐线内外的称脐叶。相应位于腹部、背部及两侧的鞍，分别称腹鞍、背鞍及侧鞍。缝合线由简单到复杂可分为五种类型：（1）鹦鹉螺型，缝合线简单，一般为环形（寒武纪至现代）；（2）无角石型，具少数完整的鞍和叶，并具宽的总侧叶（泥盆纪）；（3）棱角石型，具较多完整的鞍和叶，鞍顶圆滑，叶下端尖锐（泥盆纪至三叠纪）；（4）菊面石型或齿菊石型，鞍部完整圆滑，仅叶部呈锯齿状（早石炭世晚期至三叠纪）；（5）菊石型，鞍部及叶部均具复杂褶皱，其中有大小两种类型，叶部及侧部均分异（二叠纪船山世至白垩纪）（图24，图25）

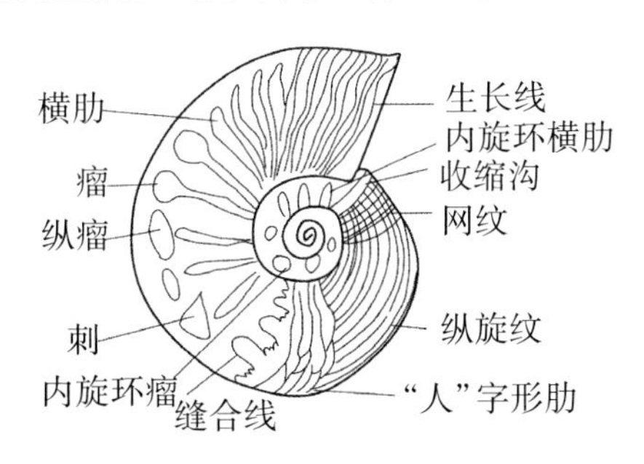

图24　菊石壳饰综合示意图

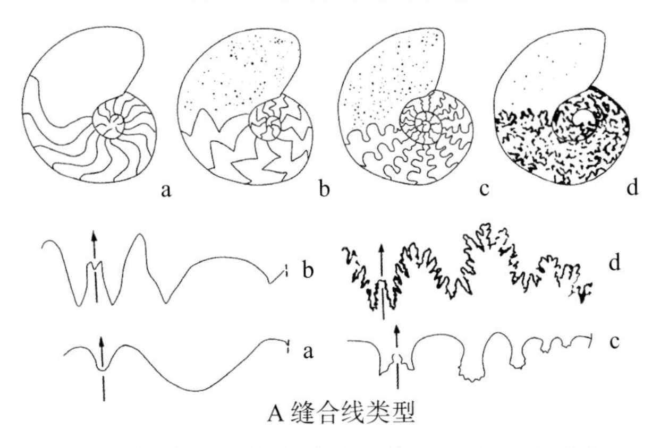

A 缝合线类型

a. 无角石型；b. 棱角石型；c. 菊面石型；d. 菊石型

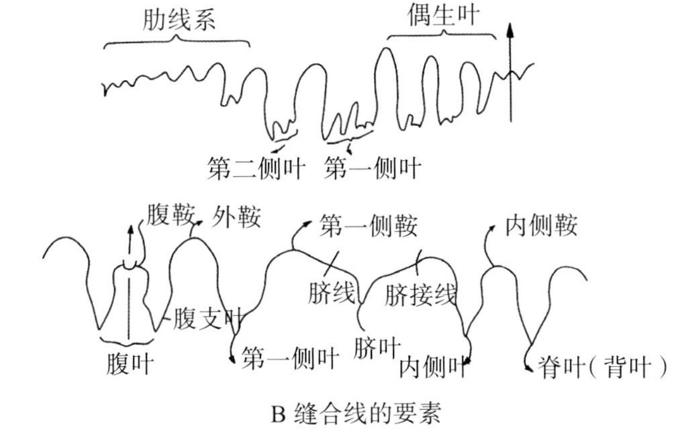

B 缝合线的要素

图25　菊石的缝合线

外壳亚纲　Ectocochlia

鹦鹉螺超目　Nautiloidea

爱丽斯木角石目　Ellesmeroceratida Flower, 1950

前环角石科　Protocycloceratidae Kobayashi, 1935

前环角石属　*Protocycloceras* Hyatt, 1900

壳直或稍弯。壳面具轮环，环及环间均有细的横纹。横切面圆至椭圆形。体管直径占壳径的1/6～1/3，一般位于中心至边缘之间。隔壁间距不大，隔壁颈直而短，连接环甚厚。缝合线为直线形。

分布与时代　中国、朝鲜南部、苏联西伯利亚，北美洲；早奥陶世。

底普拉氏前环角石　*Protocycloceras deprati* Reed

（图版12,1）

壳直，扩大缓慢，横切面圆至椭圆形。体管偏心或近中央，约占壳径的1/6～1/5，隔壁颈短，微向内倾斜，连接环稍厚。5～6个气室的高度等于壳的直径，隔壁凹度相当于1～2个气室的高度。缝合线直线形。壳面具微斜的轮环，在相当于壳径长度上有4～5个轮环。

产地层位　阳新县荻田桥，宜昌市大中坝、冷风沟，秭归县新滩，宣恩县；下—中奥陶统大湾组。

远壁前环角石　*Protocycloceras remotum* Lai

（图版12,2）

壳直而小。体管大且偏心。隔壁颈直短，向后伸延达气室的1/8，气室稀，隔壁下凹浅。轮环近水平，在壳径长度内有2.3个轮环。

产地层位　宜昌市大中坝；下—中奥陶统大湾组。

王氏前环角石　*Protocycloceras wangi*（Yü）

（图版12,3）

保存的气室部分长35mm，缝合线为直线形且位于轮环之间，体管略偏于中心，结构为直颈式。体管直径等于5mm，约为壳径的1/6。壳体向口部很缓慢地扩大。隔壁凹陷等于1个气室深度。在壳径长度上有3～4个气室。

产地层位　松滋市乌龟桥、长阳县、宣恩县高罗；下—中奥陶统大湾组。

翁氏前环角石 *Protocycloceras wongi*（Yü）

（图版12,4）

壳直,圆柱形。横断面为次圆形。扩大慢,扩大率近于1∶10。气室高度稳定,约占壳径的1/8,隔壁下凹深度与气室高度相等。气室高度始终为3mm。体管位于近中央。隔壁颈似为短颈式,连接环粗厚。

产地层位 秭归县新滩、崇阳县丁家湾;下—中奥陶统大湾组。

拟前环角石属 *Protocycloceroides* Chen,1964

壳体纵切面性质与前环角石（*Protocycloceras*）相同。但外壳轮环微弱,发育细密的横纹线。

分布与时代 湖北、四川、贵州;中奥陶世。

观音桥拟前环角石 *Protocycloceroides guanyinqiaoense* Chen

（图版12,5）

壳体圆柱形,扩大缓慢。横断面圆形。体管位于壳的腹中部,约占壳宽的1/5。气室密度中等,壳宽可容纳4～6个气室。隔壁颈短领式,微内弯。连接环粗厚。壳表见很微弱的轮环,发育细的纹线并近横直。

产地层位 长阳县花桥;中奥陶统牯牛潭组。

壳角石科 Cochlioceratidae Balaschov,1955

壳角石属 *Cochlioceras* Eichwald,1860

壳为直角石式,横切面为圆形,体管粗大,相当于壳径的1/4～1/3,位于腹部边缘。隔壁颈短,小于1个气室的1/3高。连接环直。气室低。

分布与时代 中国湖北及波罗的海沿岸;早奥陶世。

冷风沟壳角石 *Cochlioceras lingfengkowense* Lai

（图版12,12）

壳直圆柱形,体管甚大,位于腹侧边缘。隔壁颈长度小于气室高度的1/3,连接环近直管状。气室低,隔壁下凹浅。

产地层位 松滋市卸甲坪、宜昌市冷风沟;下—中奥陶统大湾组。

中华壳角石 *Cochlioceras sinense* Chang

（图版12,6）

壳呈圆柱状。在壳的26mm的长度上向上扩大3mm。横断面为圆或稍呈椭圆形。体管位于边缘并与壳壁相接触，其直径小于壳径的1/3。隔壁颈长度等于1个气室高的1/3。缝合线在腹部形成宽而浅的叶，而在背部稍向下斜，在侧面有不明显的鞍。隔壁的凹度等于1.5个气室的深度。

产地层位 长阳县；下—中奥陶统大湾组。

扬子壳角石 *Cochlioceras yangtzeense* Chang

（图版12，9）

标本长25mm，横切面近圆形。隔壁颈短，延伸到1个气室的2/5深度。壳径长度上有4～5个气室。体管位于边缘并和壳壁接触，其直径等于壳径的1/3，环节稍有些膨大，连接环稍厚。隔壁的凹度等于1个气室的深度。

产地层位 阳新县荻田桥、宜昌市大中坝、长阳县多宝寺；下—中奥陶统大湾组。

梯级角石科 Bathmoceratidae Holm，1899

梯级角石属 *Bathmoceras* Barrande，1865

壳直，背腹压缩。体管宽，位于腹部边缘。隔壁颈直短颈式，其尖端向上翘起。连接环向前膨大呈棒锤状，缝合线近横直，仅在腹部中央常形成窄陡的倒V形鞍。气室低。

分布与时代 中国，欧洲，大洋洲；早奥陶世。

复杂梯级角石 *Bathmoceras complexum* Barrande

（图版12，13）

横断面似为扁圆形。腹部略呈扁平状。体管宽约为壳径的1/5，位于腹部边缘，气室高度均匀，约2mm。隔壁颈直短。缝合线在腹部呈窄的腹鞍，及宽浅的腹侧叶，背面不详。

产地层位 咸丰县土乐坪；下—中奥陶统大湾组。

叶袋角石科 Thylacoceratidae Teichert et Glenister，1954

叶袋角石属 *Thylacoceras* Teichert et Glenister，1952

壳稍显弯曲，扩大缓慢，横切面为椭圆形，背腹压缩。缝合线弯曲具U形腹叶。体管中等大小，位于边缘。隔壁颈为亚全颈式，连接环厚，壳面光滑。

分布与时代 中国湖北，大洋洲的西部；早奥陶世。

扬子叶袋角石 *Thylacoceras yangtzeense*（Yü）

（图版12，11）

壳直或稍弯曲，横切面为卵形，扩大很快。体管很小，近于边缘，约占背腹壳径的1/4。缝合线具窄而深的U形腹叶，其深不及气室高度之半，而其宽则与气室高度相等，侧鞍与背叶宽而平。气室高度中等。

产地层位 秭归县及宜昌市等地；下—中奥陶统大湾组。

内角石目 Endoceratida Flower

满洲角石科 Manchuroceratidae Kobayashi，1931

满洲角石属 *Manchuroceras* Ozaki，1927，emend. Kobayashi，1935

壳粗短，横断面圆或椭圆形。体管大，位于边缘，直或稍弯曲，横断面圆形或背腹压缩，腹边常扁平。体管外面之斜环向腹面上升。体管顶端常具一乳头状突起。内体房更近体管之背面，其腹边向内凹入，形成腹突，有时腹侧有一体隙。

分布与时代 中国，朝鲜，苏联西伯利亚，北美洲，大洋洲；早奥陶世。

巴东满洲角石 *Manchuroceras badongense* Chen

（图版12，10）

小型的满洲角石，体管粗短。始端短锥状，略浑圆，长12mm，其余部分圆柱形。体房腔月牙形，腹区强拱。

产地层位 巴东县思阳桥；下奥陶统红花园组。

湖北满洲角石 *Manchuroceras hubeiense* Xu

（图版13，1）

壳粗短，气室较密，隔壁下凹为一个气室高度。隔壁颈向后延伸长达个气室4/3体管。粗壮，呈亚圆柱状。背腹略压缩，腹面稍扁平。始端浑圆。体管表面具微向腹面上升的斜环。体管长18mm内具4个斜环，内体房腔呈短锥形。

产地层位 宣恩县高罗；下奥陶统红花园组。

卧龙满洲角石 *Manchuroceras wolungense*（Kobayashi）

（图版12，7、8）

体管粗。表面具向腹面上升的斜环，斜环升高可达2个斜环距，当体管直径为22mm时，在15mm长度上占4个斜环。体管横断面近圆形，略呈背腹压缩，腹面稍扁平。内体房腔长锥形不位于中央，顶角22°。

产地层位 宣恩县高罗；下奥陶统红花园组。

弓鞘角石科 Cyrtovaginoceratidae Flower，1958

弓鞘角石属 *Cyrtovaginoceras* Kobayashi，1934

体管细长，微弯曲。始端钝锥状，口前端呈筒状，横断面亚圆形。体房腔长锥形。

分布与时代 中国、朝鲜，欧洲、北美洲；早奥陶世。

分乡弓鞘角石 *Cyrtovaginoceras fenxiangense* Xu

（图版13,4）

体管小,内弯,横断面扁圆形。扩大率始端为1∶4,至中部为1∶14,近口端有收缩现象。体房腔长锥形,甚深,顶角2°左右。内体管近体管中心稍偏背方。

产地层位 宜昌市;下奥陶统红花园组。

内角石科 Endoceratidae Hyatt,1883

房角石属 *Cameroceras* Conrad,1842

外壳为直角石状,内壳覆以内壁,壁外有环纹。内体房短,顶角大。隔壁颈长达1个气室。

分布与时代 亚洲、欧洲、北美洲;奥陶纪—志留纪。

谢氏“房角石” “*Cameroceras*” *hsiehi* Yü

（图版13,3）

外壳直,扩大率为1∶10,壳横断面为椭圆形。体管为圆形,相当于壳径的1/3,它与壳壁接触。气室高度相当壳径的1/5～1/6。隔壁下凹深度等于1.5个气室。隔壁颈长度大于1个气室的高度。内体房壁似呈波浪状。

产地层位 秭归县新滩;下—中奥陶统大湾组(?)。

细壁“房角石”椭圆变种 “*Cameroceras*” *tenuiseptum* var. *ellipticum* Yü

（图版13,7）

壳粗短,横断面呈椭圆形,长直径与短直径之比为4∶3,扩大率为1∶13。隔壁很密集,气室高4～5mm。隔壁下凹深达3个气室的高度。缝合线呈倾斜状。体管靠近外壳,内圆管很大,其宽度近壳径之半。“内壁存在”。

产地层位 秭归县新滩艾家山;下—中奥陶统大湾组。

鞘角石属 *Vaginoceras* Hyatt,1883

隔壁颈长度为1个气室或稍长于1个气室的深度。内隔壁较多,连接环较厚。内体管两侧压短,呈楔形。与内角石属和长颈角石属的区别如表1所示。

表1 鞘角石属、内角石属、长颈角石属的区别

属　名	隔 壁 颈	内 隔 壁	内 体 管	连 接 环
鞘角石属	大于1个气室，小于1.5个气室	多	楔形	厚
内角石属	等于1个气室	少	尖圆锥形	薄
长颈角石属	大于1.5个气室	不显	尖锥形	厚

分布与时代 亚洲、欧洲及北美洲；奥陶纪。

箭形鞘角石？ *Vaginoceras*? *belemnitiforme* Holm

（图版13，2）

壳直而细长，扩大率为1∶10，横断面为圆形。体管位于腹边缘并与外壳接触，宽度约占壳径的1/2～2/5。当壳径各为24mm及26mm时，气室高度各为12mm及10mm。隔壁下凹稍大于1个气室。

产地层位 阳新县大板村；中奥陶统。

圆柱状鞘角石 *Vaginoceras cylindricum* Yü

（图版13，5）

壳粗呈圆柱状，体管粗大，位于近边缘处，横断面为卵圆形，扩大率约为1∶10，隔壁凹度浅，不到1个气室高。体管为圆柱形，宽度略小于壳径的1/3。隔壁颈长于1个气室。

产地层位 来凤县两河口、咸宁市咸安区刘家寺、崇阳县里桥；中—上奥陶统宝塔组。

大型鞘角石 *Vaginoceras giganteum* Yü

（图版13，9）

壳直，扩大率为1∶18.5。横断面可能为圆形。体管位于中央及腹部之间，稍小于壳径的1/3。体管及外壳的直径各为16mm及52mm，体管距腹边11mm，距背边25mm。隔壁相距约为外壳的1/2，而下凹等于3/4个气室的深度，隔壁颈的长度似稍大于1个气室。

产地层位 崇阳县；中奥陶统牯牛潭组、中—上奥陶统宝塔组。

多外壁鞘角石 *Vaginoceras multiplectoseptatum* Yü

（图版13，8）

外壳近圆柱形，横断面椭圆形，长直径与短直径之比为7∶6，扩大率为1∶15。隔壁密集，气室高度在两端各占壳的长直径的1/9及1/10。隔壁颈长度略大于1个气室，隔壁凹度近于2个气室。体管椭圆形，与壳壁接触，约占壳径的2/5。

产地层位 秭归县新滩；中奥陶统。

北阳鞘角石 *Vaginoceras peiyangense* Yü

（图版13，6）

壳直，粗大，扩大率为1∶16。横断面椭圆形。体管位于边缘，卵形，腹面较平坦。体管直径为壳径1/3～1/4。壳径长度为2.5个气室。隔壁颈长度稍大于1个气室。隔壁深度仅占气室高度的1/2。

产地层位 松滋市刘家场、崇阳县、南漳县；中奥陶统牯牛潭组（？）—中—上奥陶统庙坡组。

北阳鞘角石马路口亚种 *Vaginoceras peiyangense malukonense*(Chen)

（图版14,3）

壳直,体管位于腹部,其宽为壳径的1/3。隔壁颈长为1.3个气室高,隔壁下凹达1个气室高度。气室较低,在壳径长度内有3个气室。

产地层位 松滋市乌龟桥;下—中奥陶统大湾组。

宣恩鞘角石 *Vaginoceras xuanenense* Xu

（图版14,5）

壳直,扩大缓慢,扩大率为1 ∶ 23,横断面呈亚圆形。体管近腹边缘,宽约为壳径的1/3。气室高度为16～17mm,1.3个气室高度等于壳的直径。在68mm长度内具4个气室。隔壁凹度不超过1/2个气室深度。隔壁颈向后伸延达1.3个气室。壳面具波状横纹。

产地层位 宣恩县高罗;中—上奥陶统宝塔组。

筝角石属 *Kotoceras* Kobayashi,1934

壳直,圆柱状,背腹略压缩。体管大,位于近腹部。体房锥深,顶端近体管的背部。壳面光滑。气室低。缝合线直线形。

分布与时代 中国、苏联西伯利亚;早奥陶世。

弯曲筝角石 *Kotoceras curvatum* Lai

（图版14,1）

壳稍弯曲。体管位于凹的一面,并靠近腹壁,其直径等于壳径的1/2。气室密,隔壁颈长度相当于1.5个气室的高度。内体房深。顶端靠近体管的背边。

产地层位 宜昌市冷风沟;下—中奥陶统大湾组。

长颈角石属 *Dideroceras* Flower,1950

细长状之内角石类。气室较高,体管位于近腹部,隔壁颈长达1.5～2个气室。内锥管顶部靠近体管中央。未见体隙。内隔壁不显。

分布与时代 欧亚大陆、南美洲;早及中奥陶世。

大庸长颈角石 *Dideroceras dayongense* Lai et Tsi

（图版14,11）

壳体扩大较缓,扩大率1 ∶ 16,体管位腹边缘未和壳壁接触,体管占壳径1/3.6,隔壁下凹度近于1个气室,在相当壳径长度内可占有4个气室,气室高度上下变化不大,一般

7～9mm，隔壁颈长1.5个气室左右，无内体房。

产地层位 宜昌市；中奥陶统牯牛潭组顶部。

内管长颈角石 *Dideroceras endocylindricum*（Yü）

（图版14，6）

直壳，外壳及体管的横断面为圆形。体管直径占壳径的1/3，并位于腹边。隔壁颈长近2个气室，没有连接环，气室甚密，在相当于壳径的长度内有4～6个气室，隔壁凹度等于1个气室的高度。

产地层位 阳新县荻田、崇阳县、宜昌市；下—中奥陶统大湾组。

内隔壁长颈角石 *Dideroceras endoseptum*（Chang）

（图版14，2）

壳直，呈圆柱形，横断面背腹扁，扩大率很小。气室较高，体管粗，呈圆柱状，位于腹边缘内，隔壁下凹深度浅，约为1个气室；隔壁颈很长，向后伸延达1.5个气室。内锥位于体管中部。

产地层位 宜都市毛湖埫、长阳县多宝寺；下—中奥陶统大湾组。

湖北长颈角石 *Dideroceras hupehense* Lai et Niu

（图版14，14）

壳直，扩大率为1∶13，体管位腹边缘，与壳壁接触，横切面圆形，占壳径的1/4左右。隔壁较稀，在壳径长度内有4个气室，隔壁下凹度不超过1个气室，隔壁颈长度1.3个气室，连接环厚。

产地层位 宜昌市分乡；中奥陶统牯牛潭组顶部。

穆氏长颈角石 *Dideroceras mui*（Chang）

（图版14，7）

壳直，近圆柱形。横断面近圆形。体管位于边缘，占壳径的1/2.5，在壳径长度上可容纳5～6个气室，隔壁的凹度等于1个气室。

产地层位 宜都市毛湖埫、长阳县多宝寺、宜昌市冷风沟；下—中奥陶统大湾组。

南方长颈角石 *Dideroceras meridionale*（Kobayashi）

（图版14，4）

壳长58mm，上端直径约32mm，下端直径25mm，扩大率为1∶8左右。体管位腹边，与壳壁接触占壳径的1/3左右，体管横断面圆形。隔壁颈向后延伸长达1.6个气室。在壳径长度内可占有6～7个气室，隔壁下凹度1.3个气室。

产地层位 宜昌市黄花场；下—中奥陶统大湾组。

舒氏长颈角石 *Dideroceras shui*（Yü）

（图版14，12）

壳细长，扩大率为1∶12。横断面圆形，体管位于边缘，其直径小于壳径的1/3。隔壁颈长于1个气室，甚至2个气室。内体房顶角小，位于体管的中心。隔壁凹度仅占气室高度的1/3。

产地层位 崇阳县王家寺；下—中奥陶统。

匀律长颈角石 *Dideroceras uniforme*（Yü）

（图版14，8、9）

壳的横断面为椭圆形，近边缘处有椭圆形体管。隔壁颈呈覆瓦状。壮年期隔壁相距多为5～6mm，约占外壳长直径的1/5，隔壁凹度等于1个气室的高度。扩大率为1∶11。

产地层位 崇阳县、阳新县；中奥陶统。

瓦氏长颈角石 *Dideroceras wahlenbergi*（Foord）

（图版14，15）

壳直，短小，横断面为圆形。隔壁颈长度相当于气室的1.5。隔壁下凹深达1个气室。内体房深，顶角12° 。内体管小，位于体管的中央。壳面具横的细纹。

产地层位 松滋市乌龟桥、宜昌市大中坝；下—中奥陶统大湾组、中奥陶统牯牛潭组。

吉赛尔角石属 *Chisiloceras* Gortani，1934

壳为直角石形或长圆锥形，外壳表面不具横纹及纵纹。横断面呈圆形或略呈椭圆形。体管宽大，位于中央或近中央，隔壁颈很长，大于1个气室，缝合线较直。

分布与时代 中国南方及新疆；早奥陶世。

长阳吉赛尔角石 *Chisiloceras changyangense*（Chang）

（图版14，10）

壳直，呈圆柱状，横断面为圆形。气室较低，在相当于壳径长度内有6个气室。隔壁密，凹度很大，达1.5～2个气室深。体管粗大，位于近中央。隔壁颈长大于1个气室。内体房较深，内体管很粗大，内隔壁不明显。

产地层位 松滋市乌龟桥，通山县；下—中奥陶统大湾组。

葛利普氏吉赛尔角石 *Chisiloceras grabaui*（Yü）

（图版14，13）

壳体为圆柱至圆锥形，横断面椭圆形，扩大率为1∶6.5。隔壁下凹深度大于1个气室，气室高度常在9～11mm变化。隔壁颈弯曲方式不一，呈内斜，直或先内弯后外弯形成波浪状的体管腔。体管很大，位于近中央，横断面椭圆形。

产地层位 宜昌市王家集；下—中奥陶统大湾组。

李氏吉赛尔角石 *Chisiloceras leei*（Yü）

（图版15，12）

外壳直，壮年期近圆柱形，扩大率为1∶13.5。隔壁甚密，彼此距离几乎相等，约为6.5mm。隔壁颈长度仅及1个气室。体管偏中央，其宽约为直径的2/3。内体管小，位于体管的中央，呈椭圆形。

产地层位 崇阳县及宜昌市；下—中奥陶统大湾组上部。

雷家吉赛尔角石 *Chisiloceras neichianense*（Yü）

（图版15，2）

壳直，呈圆柱形，向上逐渐扩大。横断面为椭圆形。体管粗大，近于中央，体管直径为壳径的1/3～1/3.5，隔壁颈长度为1.5个气室，壳径长度内容纳6个气室高。

产地层位 荆门市铜铃沟、湖北西部；下—中奥陶统大湾组。

雷氏吉赛尔角石 *Chisiloceras reedi*（Yü）

（图版15，1）

外壳直，圆柱形，横断面略呈椭圆形。体管大，圆形，宽占壳径近1/2，近于中央。隔壁颈长度约达1.5个气室。隔壁排列密集，隔壁下凹度为2个气室高。内体房较大呈锥形。

产地层位 房县、秭归县新滩、长阳县；下—中奥陶统大湾组。

亚斜吉赛尔角石 *Chisiloceras subtile*（Yü）

（图版15，3）

壳及体管均呈椭圆形，体管偏心，相当于壳径的1/3。内壁存在。长径与短径之比为3∶2。扩大率为1∶10。气室高5mm。隔壁颈长度等于1个气室，缝合线波浪状，具深达1个气室高度的叶。

产地层位 秭归县新滩；下—中奥陶统大湾组。

内角石属 *Endoceras* Hall, 1847

壳似直角石形，隔壁颈向后伸延，长达1个气室，体管较大，居壳边缘或靠近边缘。缝合线直，壳表面较光滑，内隔壁少，内体房为尖圆锥形，尖顶多接近体管腹壁。

分布与时代 中国、欧洲、北美洲；奥陶纪至志留纪。

建章氏“内角石” “*Endoceras*” *chienchangi* Lai

（图版15，6）

壳直，横断面圆形。体管大与腹壁接触，其直径约为壳径的1/2。缝合线具稍深之腹叶，中有一顶部平直，两侧很陡的体管鞍，并出露一宽而浅的侧鞍及背叶，隔壁颈稍长于1个气室。连接环较厚，气室密，隔壁下凹浅。

产地层位 宜昌市冷风沟；下—中奥陶统大湾组。

孙氏“内角石” “*Endoceras*”*suni* Lai

（图版15，11）

外壳圆柱形，扩大慢。幼年期体管位于中央，其宽约为壳径的1/2，成年期体管移至腹边并稍缩小。气室高度中等。隔壁颈约等于1个气室。内隔壁少，内体房深，顶角25°。

产地层位 宜昌市大中坝；下—中奥陶统大湾组。

朝鲜角石科 Coreanoceratidae Chen, 1976

河北角石属 *Hopeioceras* Obata, 1939

体管的直径扩大率在幼年期壳为1∶14，至成年期为1∶17，接近口部处体管向上增加很快为1∶8。壳体横断面，幼年背腹方向稍显扁平，成年为圆形，体管腹侧表面稍显扁平状。

分布与时代 中国湖北、河北；早奥陶世。

尖形河北角石 *Hopeioceras acutinum*（Yü）

（图版15，5）

该种体管外形与*H. hupehense*很相似，唯体管放大甚快，扩大率接近1∶10。体管横断面亚圆形，腹面平直。

产地层位 宜昌市大中坝；下奥陶统红花园组。

湖北河北角石 *Hopeioceras hupehense*（Yü）

（图版15，4）

体管圆管状。顶端呈圆锥形，扩大率为1∶3，顶端扩大率递减为1∶20。体管壁薄，表面的隔壁内痕倾斜，在腹面呈宽鞍状，与侧边成65°交角。沿内体管长轴之两旁，各具1个向体管壁伸延之体隙。

产地层位 秭归县、宜昌市；下奥陶统红花园组。

黄花场河北角石 *Hopeioceras huanghuachangense* Xu

（图版15,8、9）

体管近圆柱形，扩大率为1∶20。体管较大，其中部及前端二次收缩，甚为特殊。横断面亚圆形，腹部略扁平。背面见明显的隔壁内痕，隔壁内痕的间距2～3mm。体房腔亚圆形，腹部扁平稍内凹。

产地层位 宜昌市黄花场；下奥陶统红花园组。

箭角石属 *Belemnoceras* Chen，1977

体管粗短，始端圆锥形，前端短圆柱形。横断面亚圆形。体房腔锥形，横断面亚圆形。具3个对称的体隙。

分布与时代 中国湖北、四川；早奥陶世。

三角形箭角石 *Belemnoceras triformatum*（Yü）

（图版15,10）

体管圆柱状，顶端呈圆锥形，扩大率为1∶10，体管及内体管的横断面为卵形，具稍平坦之腹边。体隙自内体管边缘向体管壁伸延，通过内体房之横断面，有6个或6个以上的体隙，而通过内体管的断面只有3个体隙。

产地层位 秭归县；下奥陶统红花园组。

三体隙箭角石（相似种） *Belemnoceras* cf. *tripum* Chen

（图版16,8）

仅见很短的体管始端部分，横断面呈圆形，具3个对称的体隙。

产地层位 宜昌市分乡；下奥陶统红花园组。

珠角石目 Actinoceratida Foerste et Teichevt

阿门角石科 Armenoceratidae Troedsson，1926

阿门角石属 *Armenoceras* Foerste，1924

该属与*Actinoceras*相似，体管节更扁宽，隔壁颈的颈部极短，颈缘长，近平卧状。

分布与时代 中国、朝鲜，北美洲、欧洲；奥陶纪。

考灵氏阿门角石　*Armenoceras coulingi* (Grabau)

（图版16,3）

壳体很大,扩大率为1 ∶ 5～1 ∶ 5.5。体管位于中央。体管节很扁,上下均与隔壁接触,接触宽度占体管宽度的1/4。隔壁下凹深度在壳的中央等于1.5～1.7个气室。

产地层位　兴山县;中奥陶统。

塞角石科　Sactoceratidae Troedsson,1929

弓珠角石属　*Cyrtactinoceras* Hyatt,1900

外腹弯壳,横断面背腹压缩,体管位于凸起的一边,体管环节为算盘珠状。气室较密。

分布与时代　欧亚大陆、北美洲;奥陶纪—志留纪。

长阳弓珠角石　*Cyrtactinoceras changyangense* Liu et Xu

（图版15,7）

体管偏心,连接环呈厚的算盘珠状。体管中等大小,其宽约为壳径的1/6。隔壁颈短而弯曲。隔壁下凹达1个气室高度。气室高4～5mm。

产地层位　长阳县平洛;志留系兰多弗里统罗惹坪组。

盘珠角石目　Discosorida Flower in Flower et Kummel,1950

弓杆角石科　Cyrtogomphoceratidae Flower,1940

宣恩角石属　*Xuanenoceras* Xu,1977

内腹弯壳,较大,扩大急速。横断面呈卵形,腹部较窄。体管小,位于腹部边缘。气室密,隔壁颈极短。连接环薄。缝合线由高的背鞍、稍次的腹鞍及宽浅的侧叶组成。

分布与时代　中国湖北;中奥陶世。

牛角状宣恩角石　*Xuanenoceras bovigulatum* Xu

（图版16,6）

壳较大,扩大率为1∶2.5。横断面呈心形。体管小,其宽约为壳径的1/9,位于腹边缘。气室较密而均匀。隔壁下凹为3.5个气室。隔壁颈极短,连接环薄。壳面轮环显著,在近30mm长度内具7条轮环。

产地层位　宣恩县高罗;中—上奥陶统宝塔组。

米契林角石目 Michelinoceratida Flower, 1950

米契林角石科 Michelinoceratidae Flower, 1945

米契林角石属 *Michelinoceras* Foerste, 1932

壳直，扩大缓慢，住室长，无纵沟，横断面为圆形。体管小，近于壳中央。隔壁颈直，短颈式，连接环为管状。气室高，隔壁凹度中等。壳面光滑或具纵纹。缝合线为直线形。

分布与时代 亚洲、欧洲、大洋洲、北美洲；奥陶纪—三叠纪。

赵氏米契林角石 *Michelinoceras chaoi* Chang

（图版16，1）

壳直圆柱形，扩大率1∶20。横断面近圆形。体管很细，位于中央，其直径小于壳径的1/6。隔壁颈很短，气室由下而上逐渐扩大，在相当于壳径的长度内有2～3个气室。隔壁凹度等于1个气室。缝合线为直线形。

产地层位 长阳县多宝寺；下—中奥陶统大湾组。

多宝寺米契林角石 *Michelinoceras dobaosense* Chang

（图版16，2）

壳直或稍呈弯曲，圆柱形，顶角1°～2°。横断面圆形，体管稍偏中心，其直径等于壳径的1/6。隔壁颈约为气室的1/4，连接环稍有膨大，隔壁下凹很陡，深达2个气室。在相当于壳径长度内有4个气室。缝合线平直。

产地层位 长阳县多宝寺；下—中奥陶统大湾组。

细长米契林角石 *Michelinoceras elongatum*（Yü）

（图版17，5）

直壳，横断面圆形，隔壁下凹等于气室高度的1/3。体管很小，近壳中央，其直径相当壳径的1/12，隔壁颈很短，连接环为直管状。

产地层位 大冶市汪仁章山；中—上奥陶统宝塔组。

房县米契林角石 *Michelinoceras fangxianense* Liu et Xu

（图版17，7）

壳直，横断面呈圆形。体管较大，其宽约为直径的1/5，偏中央。扩大率为1∶17。隔壁颈直短，延伸约为气室的1/3～1/4。气室高，在壳径长度内有2个气室。隔壁凹度约为1个气室深度。

产地层位 房县两河口；中—上奥陶统宝塔组。

分乡米契林角石 *Michelinoceras fenxiangense* Xu

（图版17,6）

壳圆柱形,扩大率为1∶23。横断面亚圆形。隔壁下凹深度相当于气室高度的1/4。体管窄,其宽约为壳径的1/10,位于壳的中部,壳面具细而密的垂直壳轴的生长纹。缝合线直线形。

产地层位 宜昌市分乡;中—上奥陶统宝塔组。

优美米契林角石 *Michelinoceras formosa* Lai et Niu

（图版17,1）

壳呈长圆柱形,扩大率为1∶12.7。体管较细,位壳体中心偏腹部。体管直径占壳径的1/9。相当壳径长度内占有2.5个气室,下凹度2/3个气室。到上部气室变密,下凹度大于1个气室。隔壁颈很短且向内倾斜,连环直管状。

产地层位 宜昌市分乡;中奥陶统牯牛潭组顶部。

高罗米契林角石 *Michelinoceras gaoluoense* Xu

（图版17,10）

壳直,圆柱状。扩大很缓慢。横断面圆形。体管小,其宽约为壳径的1/10,位于近中央。隔壁颈为短颈式,隔壁颈伸延约为气室高的1/8。气室始端密,往口前端变稀。隔壁下凹深度达1个气室。

产地层位 宣恩县高罗;志留系兰多弗里统纱帽组。

黄泥岗米契林角石 *Michelinoceras huangnigangense* Chang

（图版17,13）

壳圆柱状。扩大率为1:20,体管位于中部,其宽约为壳径的1/7。隔壁颈直短领式。壳径长度内有1.5个气室。壳面具有稀的横纹。

产地层位 松滋市卸甲坪;中—上奥陶统宝塔组。

湖北米契林角石 *Michelinoceras hupehense* Chang

（图版16,4）

壳直圆锥形,扩大率为1∶3,横断面近圆形。体管近中央,环节向后逐渐膨大,最大宽度位于环节的下端,约相当壳径的1/6。隔壁颈很短。在相当于壳径长度内有4个气室,隔壁颈凹度相当于1个气室的深度。

产地层位 长阳县多宝寺;下—中奥陶统大湾组。

穆氏米契林角石 *Michelinoceras mui* Chang

（图版16,11）

壳直，稍呈圆锥形，顶角15°～20°，横断面近圆形，体管偏中心，其直径等于壳径的1/7。隔壁颈短，稍显弯曲，在相当于壳径长度内有6个气室。隔壁下凹等于1个气室的深度，缝合线直线形。

产地层位 长阳县多宝寺；下—中奥陶统大湾组。

副细长米契林角石亚中央亚种 *Michelinoceras paraelongatum subocentrale* Lai

（图版16,5）

壳呈圆柱状，横切面圆形，扩大率1∶15。体管略偏中心占壳径1/8，隔壁下凹度2/3个气室，隔壁颈直短，在相当壳径长度内可占有2.2～2.5个气室，连环略膨胀。

产地层位 秭归县新滩；中奥陶统牯牛潭组。

远壁米契林角石 *Michelinoceras remotum*（Yü）

（图版16,9）

壳细长，扩大率为1∶19。横断面椭圆形。体管很偏心，横断面为椭圆形。隔壁颈直，短颈式。气室高度规则地向上增大。隔壁下凹为气室高度的1/3。缝合线与体管中轴成70°的交角，壳面光滑。

产地层位 襄阳市方家集寨子山；中奥陶统牯牛潭组。

规则米契林角石（相似种） *Michelinoceras* cf. *regulare*（Schlotheim）

（=“*Orthoceras*” cf. *regulate* Schlotheim）

（图版17,4）

直壳，直圆柱状，横断面为圆形。扩大率为1∶9，隔壁强烈下凹，相距达壳径之半，隔壁下凹深度为1个气室高。体管圆，位于中央，占壳径的1/11，隔壁颈短。

产地层位 大冶市汪仁章山、秭归县新滩；下—中奥陶统大湾组。

三峡米契林角石 *Michelinoceras sanxiaense* Lai et Niu

（图版17,2、3）

扩大率为1∶5，壳体顶角13°。体管细，位壳体中心，体管直径占壳径的1/9，隔壁较密，在相当壳径长度内占有3.5个气室，气室高度由下向上逐渐变大。隔壁颈直短领式且弯曲急剧，向下变细呈楔状，体管节在隔壁颈处略收缩。

产地层位 秭归县新滩，宜昌市分乡；中—上奥陶统宝塔组。

鳞片米契林角石 *Michelinoceras squamatulum* Barrande

（图版16,7）

壳圆柱状，长达40mm，扩大率为1∶30。体管直径为1.5mm，约占壳径的1/7，略微偏中心，隔壁颈短。隔壁下凹深度约为1个气室高度的1/3。内模表层具倾斜的线纹。

产地层位 秭归县新滩；下—中奥陶统大湾组。

杖米契林角石？ *Michelinoceras*? *thysum*（Barrande）

（图版16,10）

壳直，横断面圆形，体管位于壳的中部与壳缘之间，宽度近于壳径的1/9，隔壁颈直短，占气室高度的1/6。隔壁下凹深度为1/2气室。缝合线向腹面下斜，而壳面密集横的细纹则稍向腹面上升，在2mm的长度内计有8～9根。

产地层位 秭归县新滩、宜昌市；下—中奥陶统大湾组。

杨氏米契林角石 *Michelinoceras yangi* Chang

（图版17,9）

壳圆柱状，扩大缓慢，横断面椭圆或圆形。体管略偏中心，环节在隔壁间稍见膨大，最宽部分相当于壳径的1/4。隔壁颈向后弯曲，等于1个气室深度的1/6，隔壁凹度为1个气室的深度。

产地层位 崇阳县小沙坪、长阳县多宝寺；下—中奥陶统大湾组。

东方米氏角石属 *Eosomichelinoceras* Chen，1964

次圆柱状的直角石式壳，横断面圆至两侧收缩状，外壳表面具细密的横纹，体管位于壳的背中部，隔壁颈直短领式，体管节圆柱状，隔壁孔微收缩，气室高，壳的早期具灰质沉积，沿气室的壁前，壁侧分布，但气室的腹侧较发育。

分布与时代 中国南部、西藏、欧洲；中奥陶世，可延续至志留纪。

华南东方米氏角石 *Eosomichelinoceras huananense* Chen

（图版17,8）

个体较小，保存长度23mm，壳圆柱形，体管细小，在背中之间。隔壁颈短，微弯。气室高，壳径长度等于气室高度的1.5倍。幼年气壳的腹侧具灰质沉积。

产地层位 崇阳县丁家湾；中奥陶统。

直角石科　Orthoceratidae M'Coy, 1844

前杆石属　*Protobactrites* Hyatt, 1900

壳直角石形，扩大缓慢，呈棒状。横断面两侧收缩。呈亚长圆形。体管细小，偏中心。隔壁颈直短形。壳面常具细纹或光滑。

分布与时代　中国，欧洲；志留纪。

宣恩前杆石　*Protobactrites xuanensis* Xu

（图版17，17、18）

壳圆柱形，扩大率为1∶14。横断面亚长圆形。气室始端密，至中部变稀，到口前端又变密。隔壁下凹深度为气室高的2/3，体管小，位于中央背侧部，其宽为壳径的1/11，隔壁颈长为气室高的1/7，表面具显著而密集的轮环，缝合线呈直线形，两条缝合线之间具4条轮环。

产地层位　宣恩县高罗；志留系兰多弗里统纱帽组上部。

假直角石科　Pseudorthoceratidae Flower et Caster, 1935

乐平角石属　*Lopingoceras* Shimansky, 1962

壳表具横环，横断面呈圆形。缝合线平行于横环，并且位于二横环之间，与壳体之纵轴垂直。体管节呈纵向之椭圆形。

分布与时代　中国，苏联；二叠纪。

乐平角石（未定种）　*Lopingoceras* sp.

（图版19，4）

保存长度83mm，没有保存立体化石，被压扁。上端直径29mm，下端直径6mm，扩大快。壳表具横环，环厚1mm。环间距下端密只有2mm，上端稀有4mm。

产地层位　建始县苗坪公社煤炭垭；二叠系乐平统吴家坪组。

翟氏角石科　Troedssonellidae Kobayashi, 1935

高罗角石属　*Gaoluoceras* Xu, 1977

壳直角石形，横断面椭圆形。体管小，偏心。体管节呈瓶状。隔壁下凹中等，体管内具层状体管沉积物。隔壁颈短，微外弯。壳面具细生长线纹，缝合线横直。

分布与时代　中国湖北；志留纪兰多弗里世。

湖北高罗角石　*Gaoluoceras hubeiense* Xu

（图版18，9）

壳直，横断面呈扁椭圆形。扩大率为1∶18。体管小，其宽约为壳径的1/6。气室密，在壳径长度内有4.5个气室。隔壁颈为亚弯短领式，延伸不超过气室高度的1/10，隔壁下凹约为气室高的2/3。

产地层位 宣恩县高罗；志留系兰多弗里统纱帽组上部。

箭钩角石目 Oncoceratida Flower in Flower et Kummel，1950

箭钩角石科 Oncoceratidae Hyatt，1884

雷氏角石属 *Richardsonoceras* Foerste，1932

壳扩大较缓，细长，住室微弱收缩，其背侧外形凹状，与其下端气壳外形为延续的。

分布与时代 中国、苏联西伯利亚、北美洲；奥陶纪。

亚洲雷氏角石 *Richardsonoceras asiaticum*（Yabe）

（图版18，6）

壳外腹弯曲，扩大缓慢，气壳部分弯曲较显著。横断面呈卵形，腹较窄。体管很细，近于壳的外缘。气室高2～3mm。壳壁具细而密集的生长线纹。

产地层位 京山市杨集白沙坡；中—上奥陶统宝塔组。

湖北雷氏角石 *Richardsonoceras hubeiense* Xu

（图版18，7）

壳较大，外腹式弯曲。始端弯曲较口前端显著，呈钩状，扩大缓慢。横断面呈长卵形，背部宽，腹部窄。壳面具细而密的生长线纹。体管很细，位于近腹缘。气室密而均匀，气室高2～3mm。

产地层位 宜昌市分乡；中—上奥陶统宝塔组。

塔飞角石目 Tarphyceratida Flower，1950

爱斯通角石科 Estonioceratidae Hyatt，1900

爱斯通角石属 *Estonioceras* Noetling，1884

壳呈盘卷状，壳圈松卷，到外部壳圈内外圈不互相接触。具有1个不大的脐孔。壳面具有细的生长线纹。缝合线在腹部成正弦。体管呈细管状靠近腹部。

分布与时代 中国湖北，波罗的海沿岸，瑞典；早—中奥陶世。

宽形爱斯通角石 *Estonioceras imperfectum*（Qüenstedt）

（图版18，8）

壳体为盘卷状，壳体直径向口部增大较缓慢。横断面略呈扁圆形，两侧直径大于背腹直径。体管较窄呈细管状，位于近腹部。体管直径与壳径之比为1∶10。隔壁排列较紧密，气室较狭窄。隔壁颈较短，向胎室方向弯曲。

产地层位 宜昌市分乡；中—上奥陶统宝塔组。

轮角石科 Trocholidae Chapman，1857

轮角石属 *Trocholites* Conrad，1838

壳呈盘旋状，旋环彼此接触不深。壳表具向后方倾斜成丛状的粗肋。住室甚长，占外旋环长度的1/2或1/3。旋环横断面呈宽的肾形，宽度大于高度。脐大而脐孔甚小。体管为直角石式，位于背缘或近于背缘。连接环很厚。

分布与时代 亚洲，欧洲及北美洲；中、晚奥陶世。

轮角石（未定种） *Trocholites* sp.

（图版18，2）

壳呈盘旋状。外壳纹饰保存不好。旋环横断面呈宽的肾形，宽度大于高度，脐大而脐孔较小，体管位于背缘。

产地层位 荆门市铜铃沟；中—上奥陶统宝塔组。

盘角石属 *Discoceras* Barrande，1867

壳呈盘状，约具5个相接触之旋环，旋环横断面近方形，在内部4个旋环中，其高度大于宽度，而在最外一个旋环中则宽度大于高度。壳面上饰有明显的粗横肋，体管近背侧。

分布与时代 中国、苏联、北美洲；奥陶纪。

欧亚盘角石？ *Discoceras*? *eurasiaticum* Frech

（图版18，4）

壳大型，盘状。旋环横断面近方形，旋环的宽度稍大于高度，背部常为前一个旋环挤进稍许，旋环高增大甚缓。体管很小，近背部。外壳表面有横斜锐肋，向外侧及后方弯曲。

产地层位 秭归县；中—上奥陶统宝塔组。

古鹦鹉螺属 *Palaeonautilus* Remele，1881

鹦鹉螺式壳，半外卷，呈盘状。旋环增长急速。横断面呈扁长方形。脐壁高，脐缘浑圆，体管细，偏中心或近背部。缝合线近横直。

分布与时代 亚洲、欧洲；早—中奥陶统。

湖北古鹦鹉螺 *Palaeonautilus hubeiensis* Chen

（图版18，5）

鹦鹉螺式壳，半外卷，旋环两侧直径扩大急速，外旋环横断面强扁，高度与宽度之比约为2∶7，脐壁高，脐缘浑圆。体管细小，近于背缘。缝合线近横直，具宽浅的腹叶。

产地层位 巴东县思阳桥；中奥陶统牯牛潭组上部。

喇叭角石科 Lituitidae Noetling, 1882

震旦角石属 *Sinoceras* Shimizu et Obata emend. Yü, 1951

外壳为圆锥至圆柱形，壳面饰有显著的波状横纹。隔壁颈甚长，相当于气室深度的1/2～1/3。体管细小，位置常居中央或微偏，住室无纵沟。

分布与时代 中国中部及南部；中奥陶世。

中华震旦角石 *Sinoceras chinense*（Foord）

（图版18，3）

壳长锥形，扩大率为1∶6～1∶9。气室高约为壳径的1/2。隔壁下凹深达1/2个气室高度。表面具细而均匀的波状横纹。体管细，其宽约为壳径的1/7，位于壳的中央，隔壁颈长为1/2～1/3个气室高。

产地层位 宜昌市、荆门市及宣恩县；中—上奥陶统宝塔组。

偏心震旦角石 *Sinoceras eccentrica*（Yü）

（图版17，16）

壳长锥状，横断面圆形。扩大率为1∶7。隔壁下凹占1个气室高度之半。气室高度不规则地向口部扩大。体管小，等于壳径的1/10，偏中心。隔壁颈长度相当于1个气室的1/3。

产地层位 宜昌市；中—上奥陶统宝塔组。

中华震旦角石分乡亚种 *Sinoceras chinense fenxiangense* Chang

（图版18，1）

壳中等大小，壳体直径向口部增大非常迅速。横断面圆形。体管较细，位于近壳的中心。隔壁颈较短。小于气室高度的1/3。

产地层位 宜昌市分乡；中—上奥陶统宝塔组。

密壁震旦角石 *Sinoceras densum*（Yü）

（图版17，15）

壳圆柱形到圆锥形，横断面亚圆形。扩大率为1∶9。幼年气室甚密，壮年变稀。隔壁下凹深度相当于气室高度的1/2。体管窄，圆形，位于中央，等于壳径的1/7。隔壁颈长度近于气室1/3的高度。

产地层位 南漳县、宜城市；中奥陶统牯牛潭组。

孙氏震旦角石？ *Sinoceras? suni*（Yü）

（图版17，14）

壳直，长锥形，横断面亚椭圆形。顶角20°，扩大率1∶4。隔壁下凹深达1个气室高度之半。体管位于中央，卵形。隔壁颈长度等于气室高度的1/3。气室被假隔壁均匀分为两个相等部分。

产地层位 崇阳县白羊山；中奥陶统。

宜昌震旦角石 *Sinoceras yichangense* Lai et Niu

（图版17，11、12）

壳呈细长圆锥形，扩大率1∶7.6，体管位壳体中心偏腹部，体管直径2～3mm，占壳径的1/6，隔壁较密，在相当于壳径长度内占有4个气室，隔壁下凹度1个气室，隔壁颈向后延伸长1/2.4个气室。

产地层位 宜昌市分乡；中奥陶统牯牛潭组。

喇叭角石属 *Lituites* Breyius，1732

壳的始端平卷，由3～4个旋环组成，旋环高，其腹面较背面为宽，成年期后变成直壳。表面具明显的横肋及与之平行的生长线纹，口缘弯曲，具一显著腹缺，一为中央鞍所分割的背缺及2个较明显的腹侧鞍，2个不明显的背侧鞍。缝合线直线形。体管靠近背边，隔壁颈为直短颈式。

分布与时代 中国南部；中奥陶世。

李氏喇叭角石 *Lituites lii* Yü

（图版19，1）

幼年壳为弓角石式，成年期变直。直的部分稍向内弯曲，隔壁中等下凹，气室高度向口端逐渐增大，其高度约为壳径之半。体管窄、管状，位于中央偏背侧。

产地层位 房县两河口；中—上奥陶统宝塔组。

李氏喇叭角石（相似种） *Lituites* cf. *lii* Yü

（图版19，6）

幼年壳为弓角石式，成年期变直。横断面次圆形。旋卷部分由2个旋环组成。直的部分稍向内弯曲。幼年壳松卷。

产地层位 松滋市卸甲坪；中—上奥陶统宝塔组。

宁强喇叭角石(相似种)　*Lituites* cf. *ningkiangensis* Lai

(图版19,8)

幼年壳为弓角石式,成年期变直。卷曲部分由2.5个旋环组成。旋环是互相接触的。成年壳较直,微内弯。扩大缓慢。壳表有生长纹装饰,生长纹弯曲,由深的腹弯,1对腹侧突起及较弱侧弯组成。

产地层位　赤壁市羊楼洞占家坳;中—上奥陶统宝塔组。

杆状“喇叭角石”　“*Lituites*” *rudum*(Yü)

(图版19,3)

标本为直壳部分,扩大缓慢,扩大率为1∶20,横断面长圆形。体管偏背方,横断面亦为椭圆形。隔壁颈向后伸延并逐渐展开,长达1/3个气室。隔壁下凹深度为气室高的1/3。壳面具横的波状线纹,在5mm长度内有6条。

产地层位　崇阳县黑桥;中奥陶统牯牛潭组。

钩角石属　*Ancistroceras* Boll,1857

壳的始端平卷,由1.5～2个旋环组成,旋环间仅相互接触。成年期变为直壳,扩大迅速。壳面具弱环纹。成年体管位于亚中心。

分布与时代　中国、欧洲;早—中奥陶世。

湖北钩角石　*Ancistroceras hubeiense* Liu et Xu

(图版19,5)

壳的始端保存不全,呈卷曲状,成年期壳直形,扩大迅速。壳面具环纹呈深腹叶,宽侧叶,腹侧鞍和宽的背鞍,每5～6条细环纹间有一粗环纹。幼年横断面呈亚圆形,背腹直径稍大于两侧直径。壮年期横断面近圆形。体管细,其宽约为壳径的1/8,幼年期位于壳中央背侧,壮年期位于近中央。

产地层位　宜都市毛湖埫;中—上奥陶统宝塔组。

三叶角石属　*Trilacinoceras* Sweet,1958

壳由2～3个旋环的卷曲部分和直壳部分组成。直壳部分扩大缓慢,横断面高大于宽。体管位中央背边。生长线和轮环明显,成年后具深的腹叶,舌形腹侧鞍,宽的侧叶和平宽的背鞍。

分布与时代　中国、瑞典、挪威、苏联;中奥陶世。

三叶角石（未定种） *Trilacinoceras* sp.

（图版19,2）

壳体较大。幼年卷曲,成年后突然变为直圆柱状,由2～3个旋环组成,扩大缓慢。横断面高大于宽。生长线和轮环明显,成年后具深的腹叶,舌形腹侧鞍,宽的侧叶和平宽的背鞍。

产地层位 来凤县;中—上奥陶统宝塔组。

环喇叭角石属 *Cyclolituites* Remele,1886

壳呈盘状,外卷。壳面具肋或光滑。旋环横断面亚圆形。成年期壳具有1对显著的耳垂和不太显著的侧脊,腹部呈显著脊状。体管靠背部偏中央。

分布与时代 中国,欧洲;中奥陶世。

湖北环喇叭角石 *Cyclolituites hubeiensis* Liu et Xu

（图版19,9）

壳呈盘状,外卷,约由2.5个彼此接触的旋环组成,直径39mm。旋环扩大迅速,壳面具细肋和生长线纹,由腹中叶、腹侧鞍及宽的侧叶组成。横断面长圆形,两侧微拱,腹中部略扁平。

产地层位 房县两河口,中—上奥陶统宝塔组。

鼻直角石属 *Rhynchorthoceras* Remele,1881

壳的始端微弯曲而细小近尖,向口端扩大均匀。体管宽约为壳径的1/6。壳面具微弱的横肋和弯曲的生长线纹,其在腹部和侧部宽浅。

分布与时代 亚洲,欧洲;中奥陶世。

鼻直角石（未定种） *Rhynchorthoceras* sp.

（图版19,7）

仅保存气壳的成年部分,壳面具细横肋和生长线纹。体管小,位于中央,其宽约为壳径的1/9。隔壁颈短,气室较密,隔壁下凹深度略大于1个气室。

产地层位 房县清泉;中—上奥陶统宝塔组。

鹦鹉螺目 Nautilida Spath,1927

泰因角石亚目 Tainoceratina

泰因角石科 Tainoceratidae Hyatt,1883

鹤峰鹦鹉螺属 *Hefengnautilus* Xu,1977

壳外卷,呈盘状。旋环增长迅速。侧面宽,中间微下凹呈一浅沟。侧部具4排显著的瘤。

脐大而浅。缝合线鹦鹉螺形。

分布与时代 湖北；二叠纪阳新世。

多瘤鹤峰鹦鹉螺 *Hefengnautilus pernodosus* Xu

（图版20，1）

壳盘状，外卷，直径为109mm。旋环增长迅速，外旋环前端高度为内一旋环前端高的3倍。侧面宽。侧面具4排显著的瘤，近脐缘处2排瘤为对生。4排瘤中，以稍靠近腹部的1排瘤为最大，共14个，呈乳头状。腹侧缘处的1排瘤共16个为最小。脐缘处2排瘤各为20个。脐大而浅。缝合线为鹦鹉螺形，所见的侧叶与侧鞍均宽而浅，呈圆弧形。

产地层位 鹤峰县两河口；二叠系阳新统茅口组。

利川角石属 *Lichuanoceras* Xu，1977

壳半外卷，呈厚盘状。旋环增长迅速，横断面呈肾形。腹部宽圆而平滑，中间有一宽浅沟，侧面窄而扁，外旋环侧面具12～15条粗短呈放射状排列的横肋，横肋起自脐缘，终止在腹侧缘处，不横越腹部。脐缘处有6～7个显著的瘤，每个瘤各分出2个肋。脐大而深，脐壁陡直，脐棱显著。缝合线为鹦鹉螺形。体管细小，位于中央稍偏腹部。

分布与时代 湖北；二叠纪乐平世。

湖北利川角石 *Lichuanoceras hubeiense* Xu

（图版19，10；图版20，2）

壳呈厚盘状，半外卷。壳径为53.5mm。旋环增长迅速。旋环宽度为高度的2倍，其横断面呈肾形。腹部宽圆而平滑。腹部中间有一宽浅沟，其宽约占腹宽的1/3。侧面窄而扁。横肋呈放射状排列。脐缘处具6～7个显著的瘤，每个瘤各分出2个横肋。脐大而深。

产地层位 利川市老林口；二叠系乐平统吴家坪组灰岩段。

菊石超目 Ammonoidea

棱角菊石目 Goniatitida Hyatt，1884

棱角菊石亚目 Goniatitina Hyatt，1884

拟腹菊石科 Paragastrioceratidae Ruzhencev，1951

拟腹菊石属 *Paragastrioceras* Tchernow，1907

壳近外卷，呈厚盘状。腹部呈宽穹圆形。旋环厚度大于高度。其横断面呈倒梯形。壳侧具显著的纵旋纹和瘤。脐大，具脐棱。缝合线腹菊石式。

分布与时代 中国、苏联、大洋洲、北美洲；二叠纪阳新世。

椭圆拟腹菊石(相似种) *Paragastrioceras* cf. *ellipsoidale*(Fredericks)

(图版22,6)

壳为外卷形,两侧略扁。壳面具纵旋纹。脐宽占直径的1/2,脐壁直,中等高度,脐缘上有许多小瘤和短肋。缝合线不详。

产地层位 大冶市;二叠系阳新统茅口组顶部。

湖北拟腹菊石 *Paragastrioceras hubeiense* Xu

(图版22,4)

壳外卷,扁盘状。侧面扁平。从第二壳圈开始,侧面内围有一排显著的横肋和5条显著的纵肋,纵肋穿过横肋并在横肋处更显著,而在两横肋间则较细弱。外侧部光滑。脐中等大小。

产地层位 鹤峰县清湖;二叠系阳新统茅口组。

假腹菊石属 *Pseudogastrioceras* Spath,1930

壳内卷,呈扁球状或亚盘状。腹穹圆,脐窄小,腹及侧部外围有显著的纵旋纹,侧部内围光滑或有细纹及生长线。缝合线为腹菊石式,8个叶及8个鞍,除宽的腹叶分支外,其余不分支。

分布与时代 中国、苏联;二叠纪乐平世。

大型假腹菊石(相似种) *Pseudogastrioceras* cf. *gigantum* Chao et al.

(图版22,3)

壳体大,内卷,饼状。侧部宽而微凸。脐小而深,脐缘显著呈棱角状,脐壁直立。腹和腹侧部有纵旋纹,侧面有呈S形的细生长线纹。

产地层位 鹤峰县;二叠系乐平统吴家坪组。

四川假腹菊石(相似种) *Pseudogastrioceras* cf. *szechuanense* Chao et Liang

(图版22,5)

壳内卷,侧部微凸。腹侧部具明显而规则的纵旋纹,内侧部光滑。脐窄小。缝合线不详。

产地层位 建始县;二叠系乐平统大隆组。

阿尔图菊石属 *Altudoceras* Ruzhencev,1940

壳半内卷,盘状,具半椭圆形的旋环横断面,腹部较圆。脐棱显著成角状。壳面具纵旋纹及不明显的横纹,至腹部向后弯曲成腹湾。缝合线由8叶及8鞍组成。腹叶不很宽,具尖端,侧叶宽而尖,脐叶宽且短,呈漏斗状。

分布与时代 中国南方、意大利西西里岛、北美洲；二叠纪阳新世。

蔡氏阿尔图菊石（相似种） *Altudoceras* cf. *zitteli*（Gemmellaro）

（图版21，3）

壳盘状，半外卷。在外部旋环的侧面上完全为纵旋纹所覆，在内部旋环的内侧面上有短的横肋。

产地层位 大冶市；二叠系阳新统。

建始阿尔图菊石 *Altudoceras jianshiense* Xu

（图版21，2）

壳较大，半外卷。旋环的侧面饰有发育的纵旋纹，及弱的呈S形的生长线纹，在纵旋纹上具细密的疹状物。内旋环的侧面具瘤状短横肋。

产地层位 建始县宝塔山；二叠系阳新统茅口组。

毕氏阿尔图菊石（相似种） *Altudoceras* cf. *beedei*（Plummer et Scott）

（图版21，5）

壳外卷、盘状。侧面具窄圆的纵旋纹，旋纹间距较宽约2mm，至腹缘处其间距为1mm，旋纹本身宽约1mm。脐中等大小，脐缘宽厚。

产地层位 宣恩县凉风洞；二叠系阳新统茅口组。

鹤峰阿尔图菊石？ *Altudoceras*？*hefengense* Xu

（图版21，4）

壳体特大，壳径156.5mm。半外卷。外旋环侧面具粗壮纵旋纹（脊与沟），脊宽3～4mm，沟宽2～3mm，向外均变窄。侧面有微弱的生长纹。内旋环侧面有不太明显的瘤。脐小。缝合线仅见部分，侧叶呈宽浅的三角形，下端尖。

产地层位 鹤峰县清湖；二叠系阳新统茅口组。

尖棱腹菊石属 *Strigogoniatites* Spath，1934

壳扁饼状，近内卷。旋环横断面略呈三角形。内旋环腹部呈穹圆形，至外旋环逐渐变窄，腹棱两侧扁而微凸，最大厚度于脐缘。脐小而深，脐壁陡而直，脐缘呈方棱形。壳的侧面外围及腹部有均匀的细纵纹，而内围及脐缘部分则很光滑。缝合线为腹菊石形，由8叶及8鞍组成。

分布与时代 中国南方、北美、帝汶岛；二叠纪阳新世。

湖北尖棱腹菊石 *Strigogoniatites hubeiensis* Xu

（图版21，1）

壳中等大小，半内卷，厚饼状。旋环横断面呈亚三角形。高大于厚度。旋环最大厚度于脐缘处，向腹部逐渐倾斜。脐中等大小且深，脐壁陡，脐缘较圆。侧部外围及腹部饰有均匀的纵旋纹，侧部中内围和脐缘均光滑。缝合线如图26所示，腹叶很宽，被一中鞍分为两个窄尖的腹支叶，下端微尖。外鞍高而圆顶，侧鞍更密，而略低，呈宽弧形。

产地层位 建始县磺厂坪；二叠系阳新统茅口组。

图26 湖北尖棱腹菊石缝合线

齿菊石目 Ceratitida Hyatt，1884

副色尔特菊石科 Paraceltitidae Spath，1930

副色尔特菊石属 *Paraceltites* Gemmellaro，1887

壳极外卷，薄盘状。腹部窄圆或微平。壳面具生长线纹和横肋。缝合线为棱角石形，具6～8个叶部，腹叶宽而短，侧叶简单，内缝合线只有一个脊叶。

分布与时代 中国、西欧、苏联、北美洲；二叠纪。

肋副色尔特菊石（相似种） *Paraceltites* cf. *multicostatus*（Böse）

（图版21，6）

盘形，外卷。侧面扁平，在近脐缘和腹缘处均具一条不太明显的浅沟。旋环侧部有S形细肋，并横越腹部。内旋环具放射状的横肋比外部壳圈粗壮，但不横越腹部。脐宽而浅，脐缘不显著。缝合线不详。

产地层位 建始县磺厂坪；二叠系阳新统茅口组。

湖北副色尔特菊石？ *Paraceltites*? *hubeiensis* Xu

（图版21，7）

扁盘状，外卷。侧面扁平。内旋环具放射状稀肋，至倒数第二个旋环肋纹最粗，至外旋环侧面则有S形的细线纹。脐宽而浅，脐缘较圆。缝合线不详。

产地层位 建始县磺厂坪；二叠系阳新统茅口组。

中国副色尔特菊石？ *Paraceltites*? *zhongguoensis* Xu

（图版21,8）

扁盘状,外卷。侧面扁平,侧面中偏腹部有一宽浅沟。壳面内外旋环均具有细密S形横肋纹横越腹部。脐宽而浅,脐棱显著。缝合线不详。

产地层位 建始县磺厂坪、宝塔山;二叠系阳新统茅口组。

耳菊石超科 Otocerataceae Hyatt,1900

阿拉斯菊石科 Araxoceratidae Ruzhencev,1959

前耳菊石属 *Prototoceras* Spath,1930

壳或多或少呈轮状,半内卷或内卷。腹部呈屋顶状。脐大小不等,具很凸或微凸的脐缘。腹叶短,侧叶较腹叶长,下端具很多齿,其余叶部下端的齿不太发育。

分布与时代 中国、苏联;二叠纪乐平世。

前耳菊石（未定种） *Prototoceras* sp.

（图版22,1）

盘状,近内卷。侧部平而宽,顶部近腹缘处有一棱状凸起。脐小,脐棱显著,呈角状。缝合线为菊面石形,第一侧叶宽圆而深,末端具很多齿;第二侧叶宽浅,末端亦具齿。具有较长的呈弯曲形的肋线系。腹部缝合线不详。

产地层位 恩施市;二叠系乐平统吴家坪组。

安德生菊石科 Anderssonoceratidae Ruzhencev,1959

安德生菊石属 *Anderssonoceras* Grabau,1924

壳小,近内卷,具凸出的脐缘,旋环高,腹部有龙骨状突起。缝合线棱角石式,腹叶分为两个尖短的腹支叶,侧叶及脐叶下端略尖,鞍具圆顶。

分布与时代 中国南方;二叠纪乐平世。

安福安德生菊石 *Anderssonoceras anfuense* Grabau

（图版22,2）

壳小,胀厚,内卷。腹部很凸,被一中脊分成两个区,并在两侧有一角状的边缘。侧面中部凹下。脐窄且深,脐缘很凸呈亚角状,脐壁陡。缝合线的腹叶被低的中鞍分为两个尖而短的腹支叶,腹鞍宽圆,侧叶窄,下端略圆,侧鞍宽圆,第二侧叶浅,位于脐缘上。

产地层位 建始县磺厂坪;二叠系乐平统吴家坪组。

外盘菊石超科　Xenodiscaceae Frech, 1902

肋瘤菊石科　Pleuronodoceratidae Chao et Liang, 1978

肋瘤菊石属　*Pleuronodoceras* Chao et Liang, 1965

外卷或半外卷，薄盘状。旋环横断面呈窄的长方形，两侧强烈扁缩。腹部窄圆，具腹中棱。侧部扁平或微微向内倾斜。脐部浅，脐壁低。幼年期壳侧面仅具细的横肋纹，成年期壳侧部具细长的横肋及腹侧瘤。缝合线与菊面石式，外缝合线由1个两分的腹叶、1对侧叶和2对脐叶组成。

分布与时代　中国南部、伊朗；二叠纪乐平世。

湖北肋瘤菊石　*Pleuronodoceras hubeiense* Xu

（图版22，7）

盘状，半外卷。侧部扁平。内外旋环的侧部均具细横肋，起自脐缘呈放射状排列至腹侧部成小瘤。至外旋环的前部肋变得更细密且腹侧瘤相连成脊。脐宽而浅，脐棱不显著。缝合线不详。

产地层位　恩施市罗针田；二叠系乐平统大隆组。

蛇菊石科　Ophiceratidae Arthaber, 1911

蛇菊石属　*Ophiceras* Griesbach, 1880

外卷，盘状。脐部很宽，具高而直的脐壁。腹部穹圆。旋环横断面略呈三角形。表面一般光滑或具少数不明显的肋或瘤。缝合线为微弱的菊面石形，具2个细长的侧叶及短的肋线系。

分布与时代　中国、苏联、巴基斯坦、丹麦格陵兰岛；早三叠世早期。

降落蛇菊石　*Ophiceras demissum*（Oppel）

（图版22，9）

扁盘形，近外卷。脐宽而浅。两侧面微凸，腹部窄圆，横断面卵形。脐缘显著，脐壁陡直。表面饰有窄、弯曲而不规则皱纹及细生长线。皱纹在侧面微向后弯曲，在腹部向前方弯曲。缝合线的第一侧叶长而宽，下端有少数微弱的齿。第二侧叶远较第一侧叶短小些。外侧鞍很高，是各鞍中最高的一个，顶部圆。第一侧鞍矮些，顶部圆，微向脐部斜。第二侧鞍很宽而低。

产地层位　远安县大路垭；下三叠统大冶组底部。

弛蛇菊石属　*Lytophiceras* Spath, 1930

壳形似*Ophiceras*，但侧面较扁，包围度大。脐缘较低且无棱。缝合线与*Ophiceras*相同。

分布与时代 中国、丹麦格陵兰岛,北美洲;早三叠世早期。

常见弛蛇菊石(相似种) *Lytophiceras* cf. *commune* Spath

(图版22,10)

盘状,近内卷。旋环横断面为长方形。脐部窄小,脐缘微弯曲。腹部窄而圆。缝合线棱角石形,腹叶为二分,第一侧叶长,下端圆;第二侧叶的位置较高。外侧鞍高而圆。第一侧鞍窄短;第二侧鞍不太发育,位于脐线以外。

产地层位 远安县大路垭;下三叠统大冶组底部。

克什米尔菊石科 Kashmiritldae Spath,1934

克什米尔菊石属 *Kashmirires* Welter,1922

壳厚,半外卷。横断面四方形,腹部宽而略扁平。内部旋环壳面具瘤状横肋,到最外一旋环瘤状物逐渐消失变为棱状横肋往往横越腹部。缝合线简单呈齿状,一般有2个长而窄的侧叶和很短的肋线系。鞍部相当高。

分布与时代 中国南部及西南,巴基斯坦、印度;早三叠世晚期。

斜肋克什米尔菊石 *Kashmirites obliguecostatus* Tien

(图版22,12)

外卷,盘形,旋环横断面为四边形,厚略大于高,最厚位于脐缘处。腹部宽而扁。侧面近扁平。脐缘显著,脐壁低而陡直。壳面在住室的前部约15mm部分平滑。其余部分有许多单一的、等距离的放射肋纹,有些肋纹在腹缘附近成为不显著的小瘤。

产地层位 荆门市鲇鱼垭;下三叠统。

尖棱肋克什米尔菊石(亲近种) *Kashmirites* aff. *acutangulatus* Welter

(图版22,8)

外卷、盘状,侧面扁平并微弯。腹部有粗的横肋,有些肋成瘤节状,在近上部肋渐细变密。

产地层位 荆门市鲇鱼垭;下三叠统。

西伯利亚菊石科 Sibiritidae Mojsiovics,1896

似西伯利菊石属 *Anasibirites* Mojsisovics,1896

饼状,近内卷,具宽穹至平截状的腹部。表面有横越腹部的肋纹,并在腹部常有加粗现象。缝合线简单,每一外侧面有1个短而宽的主侧叶和1个小型的第二侧叶。

分布与时代 亚洲、欧洲、美洲;早三叠世晚期。

金似西伯利亚菊石(相似种) *Anasibirites* cf. *kingianus* (Waagen)

(图版22,11)

扁圆、盘状、包围度很小,旋环横断面扁圆形或四边形,最厚位于近脐缘处。腹部穹圆,微扁,两侧界以显著的边缘,在中间有不显的凹迹。脐浅而宽。表面有许多不显的,粗细不等的放射状肋纹,大多数是单一的,少数在外围二分,到腹部变粗些,个别的在腹缘上成瘤状。

产地层位 荆门市鲇鱼垭;下三叠统上部。

内壳亚纲 Endocochlia

真箭石目 Belemnitida Zittel,1895(Jeletzky,1966)

古似箭石科 Palaeobelemnopsidae T. E. Chen,1982

古似箭石属 *Palaeobelemnopsis* T. E. Chen,1982

鞘较小,棒锤状至锥柱状,表面光滑,最大鞘径位于尖端区与干区交接部。顶角30°左右;尖端常呈乳突状。鞘体具宽浅的腹沟和一对深窄的背侧沟。闭锥细长,亚圆柱状,两侧近平行;气室高度等于或大于闭锥直径;具钙化程度较高的向心状叶板。

分布与时代 湖北;二叠纪乐平世。

中国古似箭石 *Palaeobelemnopsis sinesis* T. E. Chen

(图版23,1、2)

鞘小型,棒棰状至亚矛头状,表面光滑,尖端具小乳突。具宽而浅的腹沟以及1对深且窄的背侧沟,均从腔区一直延伸至尖端附近。闭锥相对很小,呈纤细的圆柱状鞘内叠锥及同心层中等发育,具钙质向心状叶板。

产地层位 建始县建阳坝煤炭垭;二叠系乐平统大隆组。

小型古似箭石 *Palaeobelemnopsis minor* T. E. Chen

(图版23,3)

鞘小型,表面光滑,亚矛头状。鞘体细小,更尖,最大膨胀部不明显。腹部具宽浅之腹沟。两侧中线靠背方,具1对背侧沟,十分明显,从腔区延至尖端附近;背侧沟两壁有向下倾斜之横纹。闭锥细小,圆柱状。隔壁浅平,下凹度缓,隔壁间距大,气室高度等于壳径1.2倍。

产地层位 建始县建阳坝煤炭垭;二叠系乐平统大隆组。

二、属种拉丁名、中文名对照索引

A

B

C

D

E

G

H

I

K

L

M

N

O

P

Q

R

S

T

U

V

W

X

Y

Z

三、图版说明

图 版 1

1、2．*Praelamellodonta elegansa* Zhang (5页)

1．左视，2．右视，均 ×3；$\epsilon_2 t$

3、4．*Xianfengoconcha elliptica* Zhang (5页)

3．左视，4．右视，均 ×3；$\epsilon_2 t$

5、6．*Xianfengoconcha minuta* Zhang (6页)

5．右内视，6．右视，均 ×5；$\epsilon_2 t$

7．*Xianfengoconcha rotunda* Zhang (6页)

右视， ×2；$\epsilon_2 t$

8．*Cycloconchoides elongatus* Zhang (6页)

左视， ×4；$\epsilon_2 t$

9、10．*Cycloconchoides venustus* zhang (6页)

9．左视，10．右视，均 ×5；$\epsilon_2 t$

11、12．*Hubeinella formosa* Zhang (7页)

均左视，均 ×5；$\epsilon_2 t$

13．*Ctenodonta yunnanensis* Liu (7页)

右视， ×5；$O_{1\text{-}2}d$

14、15．*Cypricardinia parallela* (Hsü) (15页)

14．右视，15．左视，均 ×2；$O_1 n$

16．*Cypricardinia trigona* Liu (15页)

左视， ×3；$O_1 n$

17、18．*Cypricardinia xuanenensis* Zhang (15页)

均左视，17． ×3，18． ×2；S_1

19．*Cypricardinia* sp. (15页)

左视， ×2；S_1

20．*Pterinopecten xianningensis* Zhang (20页)

左视， ×2；$S_1 f$

21．*Cyrtodonta* aff. *billingsi* Ulrich (16页)

左视， ×2；$O_{1\text{-}2}d$

图 版 2

1、2．*Ptychopteria* (*Actinopteria*) *hubeiensis* Zhang (17页)

均左视，均 ×2，$S_1 s$

3、4．*Cyrtodonta* sp. (16页)

3．左视，4．右视，均 ×2；S_1

5．*Palaeoneilo gutzhouensis* Chen et Lan (7页)

左视，×2；P_3w

6．*Schizodus* cf. *schlotheimi* (Geinitz) (8页)

左视，×1；P_3w

7、8．*Neoschizodus hubeiensis* Zhang (8页)

7a．8a．左和右内视，7b．8b．左和右视，均×1.5；P_3w

9．*Parallelodon hubeiensis* Zhang (17页)

左、右视，×2；P_3w

10．*Towapteria* sp. (18页)

右视，×5；P_3w

11．*Leptochondria* ? *lichuanensis* Zhang (19页)

左视，×5；P_3w

12．*Euchondria* sp. (21页)

左视，×1.5；P_2m

13．*Crenipecten exilis* Liu (21页)

13a．右视，×5；13b．铰合构造，×8；P_3w

图　版　3

1．*Aviculopecten alternatoplicatus* Chao (22页)

左视，×2；C

2．*Aviculopecten*？*fasciculicostatus* Liu (22页)

左视，×2；P_3

3、4．*Hayasakapecten shimizui* Nakazawa et Newell (22页)

3．左视，×3；4．右视，×2；P_2m

5．*Limipecten* ? *hubeiensis* Zhang (23页)

右视，×1；P_3

6．*Hunanopecten exilis* Zhang (23页)

右内模，×2；P_3d

7．*Streblopteria* sp. (25页)

左视，×1；P_2m

8．*Guizhoupecten wangi* Chen (25页)

左视，×1；P_3

9．*Pseudomonotis mongoliensis* (Grabau) (25页)

9a．左视，9b．右视，均×1；P_3w

10．*Posidonia* sp. (27页)

左视，×2；P_3w

11．*Pernopecten piriformis* Liu (28页)

左视，×3；P_3w

12．*Pernopecten sichuanensis* Liu (28页)

12a．左内视，×2．12b．铰合构造，×5；P_3w

13、14．*Pernopecten symmetricus* Newell (28页)

13．左视，14．右视，均 ×3；P_3w

15．*Palaeolima minimus* Liu (29页)

右视，×3；P_3w

16．*Myalina* (*Myalina*) sp. (30页)

右视，×1.5；P_3w

17．*Myalina* (*Orthomyalina*) sp. (31页)

左内视，×1；P_3w

18．*Selenimyalina* sp. (31页)

18a．左视，18b．右视，均 ×1.5；P_3w

图 版 4

1．*Solemya* (*Janeia*) *elliptica* Zhang (32页)

右视，×1.5；P_3d

2．*Solemya* (*Janeia*) *minuta* Zhang (32页)

右视，×2；P_3w

3、4．*Wilkingia hubeiensis* Zhang (32页)

3．右视，4．左视，均 ×1；P_3d

5、6．*Myophoria* (*Costatoria*) *submultistriata* Chen (9页)

均左视，5．×1.5，6．×1；T_2b

7．*Unio yunnanensis* Ma (9页)

右视，×1.5；J_2h

8．*Psilunio chaoi* (Grabau) (10页)

右视，×1；J_2q

9、10．*Psilunio globitriangularis* (Ku) (10页)

9．右视，10．左视，均 ×1；J_2q

11．*Psilunio* aff. *sinensis* Ku (10页)

右视，×1；J_2h

12、13．*Lamprotula* (*Eolamprotula*) *cremeri* (Frech) (10页)

12．右视，13．左视，均 ×1；J_2q

14．*Lamprotula* (*Eolamprotula*) *subquadrata* Ku (11页)

a．左内视，b．左视，均 ×1；J_2q

15．*Cuneopsis sichuanensis* Ku，Ma et Lan (11页)

右内模，×1，J_2h

16. *Unionltes gregareus* (Quenstedt) (11页)
左右视，×1；T_2b

图 版 5

1. *Pseudocardinia busimensis* (Lebedev) (12页)
左视，×1.5；J_2h

2、3. *Pseudocardinia elliptica* Kolesnikov (12页)
2. 右视，×1.5；3，左右内模，×1；J_2h

4. *Pseudocardinia elongata* Martinson (12页)
左视，×2；J_2h

5、6. *Pseudocardinia hubeiensis* (Grabau) (12页)
5. 右视，×2；6. 左右视，×1；J_2q

7. *Pseudocardinia khadjakalanensis* (Chernyshev) (13页)
左视，×1；J_2q

8、9. *Pseudocardinia kweichowensis* (Grabau) (13页)
8. 左视，×2，9. 右视，×3；J_2q

10、11. *Pseudocardinia ovalis* Martinson (13页)
10. 右内模，×2；11. 左视，×1；J_2h

12. *Pseudocardinia submagna* Martinson (13页)
左视，×1；J_2h

13. *Pseudocardinia tetragonalis* (Lebedev) (13页)
右内模，×2；J_2h

14. *Pseudocardinia ventricosa* Kolesnikov (14页)
右视，×2；J_2h

15. *Pseudocardinia yangziensis* Ku (14页)
a. 左视，b. 前视，均 ×1；J_2q

16. *Margaritifera isfarensis* (Chernyshev) (14页)
右内模，×1；J_2h

17. *Tutuella rotunda* Ragozin (16页)
右视，×2；J_2h

18. *Arcavicula arcuata* (Munster) (17页)
左视，×3；T_2b

19、20. *Bakevellia ? yuananensis* Zhang (18页)
19. 左视，20. 右视，均 ×1.5；T_3J_1w

21. *Bakevelloides subhekiensis* (Nakazawa) (19页)
右视，×2；T_3J_1w

22. *Waagenoperna* cf. *triangularis* (Kobayashi et Ichikawa) (19页)

右视，×2，T_3J_1w

23．*Chlamys yuananensis* (Hsü)（20页）

左视，×1.5，T_2b

24．*Leplochondria albertii* (Goldfuss)（20页）

左视，×2；$T_{1\text{-}2}j$

25．*Eumorphotis venetiana* (Hauer)（23页）

左视，×2；T_1d

26．*Eumorphotis* (*Asoella*) *hupehica* Hsü（24页）

右视，×1；T_2b

27、28．*Eumorphotis* (*Asoella*) *illyrica* (Bittner)（24页）

均左视，27．×3，28．×4；T_2b

29．*Eumorphotis* (*Asoella*) *illyrica crassistriata* (Hsü)（24页）

左视，×4；T_2b

图 版 6

1、2．*Eumorphotis* (*Asoella*) *subillyrica* Hsü（24页）

均左视，均×4；T_2b

3．*Claraia concentrica* (Yabe)（26页）

左视，×1；T_1d

4．*Claraia griesbachi* (Bittner)（26页）

左视，×1.5；T_1d

5、6．*Claraia hubeiensis* Chen（26页）

5．右视，6．左视，均×1；T_1d

7．*Claraia radialis* Leonardi（26页）

左视，×1；T_1d

8．*Claraia stachei* (Bitther)（27页）

左视，×1.5；T_1d

9、10．*Claraia wangi* (Patte)（27页）

9．右视，10．左视，均×1；T_1d

（借用南京龙潭、贵州黔西图片）

11．*Entolium tenuistriatum rotundum* Chen（28页）

左视，×1.5；T_2b

12．*Lima convexa* Hsü（29页）

右视，×4；T_2b

13．*Mytilus tenuiformis* Kobayashi et Ichikawa（29页）

右视，×1.5；T_3J_1w

14．*Modiolus problematus* (Chen et Liu)（30页）

左视，×2；T_3J_1w

15．*Thracia prisca* Healey （33页）

右视，×2；T_3J_1w

16．*Circotheca longiconica* Qian （36页）

16a．面视，×15；16b．横切面，×15；Z_2-$\epsilon_1 dn$

17．*Circotheca subcrvata* Yü （36页）

17a．侧视，×15；17b．横切面，×15；Z_2-$\epsilon_1 dn$

18．*Circotheca nana* Qian （37页）

18a．背视，18b．侧视，18c．横切面，均×20；Z_2-$\epsilon_1 dn$

19．*Circotheca punctata* Qian （37页）

19a．背视，19b．侧视，19c．横切面，均×20；Z_2-$\epsilon_1 dn$

20．*Paragloborilus* cf. *subglobosus* He （40页）

20a．背视，×20；20b．横切面，×40；Z_2-$\epsilon_1 dn$

21．*Tiksitheca korobovi* (Missarzhevsky) Qian （39页）

侧视，×40；Z_2-$\epsilon_1 dn$

22．*Circotheca obesa* Qian （36页）

面视，×40；Z_2-$\epsilon_1 dn$

23．*Circotheca transulcata* Qian （36页）

外视，×20；Z_2-$\epsilon_1 dn$

24．*Circotheca* ex. gr. *multisulcata* Qian （37页）

面视，×40；Z_2-$\epsilon_1 dn$

25．*Turcutheca crasseocochlia* (Syss.) Qian （38页）

背视，×20；Z_2-$\epsilon_1 dn$

26．*Tiksitheca huangshandongensis* Qian （39页）

26a．侧视，×40；26b．横切面，×40；Z_2-$\epsilon_1 dn$

27．*Conotheca mammilata* Missarzhevsky （38页）

外视，×30；Z_2-$\epsilon_1 dn$

28．*Turcutheca maxima* Chen et al. （38页）

28a．纵面视，×2；28b．横切面，×2；Z_2-$\epsilon_1 dn$

29．*Circotheca longa* Chen et al. （37页）

纵面视，×28；Z_2-$\epsilon_1 dn$

图 版 7

1．*Eogloborilus pyriformis* Qian （39页）

1a．外视，×30；1b．口视，×30；Z_2-$\epsilon_1 dn$

2．*Paragloborilus mirus* He （40页）

2a．背视，×48；2b．侧视，×40；Z_2-$\epsilon_1 dn$

3. *Allatheca inconstanta* Qian (40页)

3a. 侧视，3b. 背视，3c. 腹视，均 ×5；$€_{1\text{-}2}n$

4. *Allatheca minor* Qian et al. (41页)

侧视， ×20；$Z_2€_1dn$

5. *Lenatheca* sp. (41页)

5a. 背视， ×30；5b. 腹视， ×3；$Z_2€_1dn$

6. *Anabarites trisulcatus* Missarzhevsky (42页)

6a. 侧视，6b. 背视，6c. 横切面，均 ×20；$Z_2€_1dn$

7. *Gyrazonatheca platysegmentata* Qian (46页)

侧视， ×15；$Z_2€_1dn$

8、9. *Cambrotubulus decurvatus* Missarzhevsky (48页)

88. 面视， ×30；89. 面视， ×20；$Z_2€_1dn$

10. *Quadrotheca shipaiensis* Qian (41页)

10a. 面视， ×60；10b. 横切面， ×60；$Z_2€_1dn$

11. *Lapworthella honorabilis* Qian (46页)

左面视， ×40；$Z_2€_1dn$

12. *Turcutheca maxima* Chen et al. (38页)

纵面视， ×2；$Z_2€_1dn$

13. *Pseudorthotheca bistriata* Qian (44页)

13a. 外视， ×30. 13b. 口视， ×30；$Z_2€_1dn$

14. *Lophotheca uniforme* Qian (46页)

14a. 侧视，14b. 背视，14c. 横切面，均 ×20；$Z_2€_1dn$

15. *Pseudorthotheca yichangensis* Qian (44页)

面视， ×40；$Z_2€_1dn$

16. *Lophotheca multicostata* Qian (45页)

背视， ×20；$Z_2€_1dn$

17. *Lapworthella rostriptutea* Qian (47页)

17a. 外视， ×30；17b. 口视， ×30；$Z_2€_1dn$

图 版 8

1. *Tianzhushania obesa* Qian et al. (47页)

腹视， ×40；$Z_2€_1dn$

2. *Pseudorthotheca anfracta* Qian (44页)

2a. 背视，2b. 侧视，2c. 横切面，均 ×20；$Z_2€_1dn$

3. *Tianzhushania longa* Qian et al. (47页)

3a. 腹视， ×40；3b. 横切面， ×40；$Z_2€_1dn$

4、5. *Protohertzina anabarica* Missarzhevsky (49页)

4a．后视，4b．侧视，5．侧视，均 ×40；Z_2-$\epsilon_1 dn$

6．*Burithes* sp. (42页)

6a．腹视，6b．侧视，6c．横切面，均 ×5；$\epsilon_{1-2}n$

7．*Doliutus shipaiensis* Qian (43页)

7a．侧视，7b．腹视，7c．横切面，均 ×5；$\epsilon_{1-2}n$

8．*Lophotheca minyundata* Qian (45页)

8a．背视，8b．侧视，8c．横切面，均 ×15；Z_2-$\epsilon_1 dn$

9．*Lophotheca costellata* Qian (45页)

9a．侧视，9b．背视，9c．横切面，均 ×20；Z_2-$\epsilon_1 dn$

10．*Coleoloides ziguiensis* Qian (44页)

10a．侧视，10b．腹视，10c．背视，10d．口部横切面，10e．顶部横切面，均 ×5；$\epsilon_{1-2}n$

11．*Doliutus orientalis* Qian (42页)

11a．腹视，11b．横切面，均 ×10；$\epsilon_{1-2}n$

12．*Hyolithellus tenuis* Missarzhevsky (43页)

12a．面视，×20；12b．横切面，×20。$\epsilon_{1-2}n$

13．*Zhijinites lubricus* Qian et al. (51页)

侧面视，×80；Z_2-$\epsilon_1 dn$

14．*Archaeooides* sp. (52页)

侧面视，×12；Z_2-$\epsilon_1 dn$

15．*Archaeooides interscriptus* Qian (51页)

外视，×30；Z_2-$\epsilon_1 dn$ 顶部

16、17．*Ambarchaeooides tianzhushanensis* Qian et al. (52页)

16．外视，×40；17．外视，×40；Z_2-$\epsilon_1 dn$

18．*Archaeooides acuspinatus* Qian (51页)

外视，×20；Z_2-$\epsilon_1 dn$

19．*Archaeooides granulatus* Qian (51页)

外视，×30；Z_2-$\epsilon_1 dn$

20．*Bagenovia* sp. (53页)

背视，×5；ϵ_1

图 版 9

1．*Truncatoconus yichangensis* Yü (53页)

1a．顶视，×40；1b．侧视，×40；Z_2-$\epsilon_1 dn$

2．*Eosoconus primarius* Yü (54页)

2a．前视，2b．顶视，均 ×40；2c．侧视，×72；Z_2-$\epsilon_1 dn$

3．*Yangtzeconus priscus* Yü (54页)

3a．侧视，×36；3b．背视，×36；Z_2Є$_1$*dn*

4．*Eosoconus formosus* Yü （54页）

4a．背视，×40；4b．侧视，×40；Z_2Є$_1$*dn*

5．*Protoconus crestatus* Yü （55页）

5a．背视，5b．侧视，5c．前视，均×40；Z_2Є$_1$*dn*

6．*Scenella radiata* Yü （56页）

6a．斜顶视，6b．侧视，6c．顶视，均×10；Z_2Є$_1$*dn*

7．*Actinoconus pyriformis* Yü （55页）

7a．侧视，×72；7b．背视，×60；Z_2Є$_1$*dn*

8．*Scenella hujingtanensis* Yü （56页）

8a．顶视，8b．口视，8c．侧视，均×10；Z_2Є$_1$*dn*

9．*Latirostratus amappleratus* Yü （56页）

9a．侧视，9b．背视，9c．口视，均×30；Z_2Є$_1$*dn*

10．*Huangshandongoconus pileus* Yü （57页）

10a．背视，10b．侧视，均×72；10c．口视，×60；Z_2Є$_1$*dn*

11．*Laticonus xiadongensis* Yü （57页）

11a．侧视，×72，11b．口视，×40；11c．背视，×72；Z_2Є$_1$*dn*

12．*Centriconus lepidus* Yü （57页）

12a．侧视，×72；12b．顶视，×72；Z_2Є$_1$*dn*

图　版　10

1．*Spatuloconus rudis* Yü （58页）

1a．背视，1b．口视，1c．侧视，均×40；Z_2Є$_1$*dn*

2．*Obtusoconus paucicostatus* Yü （58页）

2a．背视，2b．侧视，均×72；2c．顶视，×40；Z_2Є$_1$*dn*

3．*Obtusoconus multicostatus* Yü （58页）

侧视，×40；Z_2Є$_1$*dn*

4．*Liantuoconus pulchrus* Yü （59页）

4a．背视，×72；4b．口视，×72；Z_2Є$_1$*dn*

5．*Sinuconus clypeus* Yü （59页）

5a．口视，5b．侧视，5c．后视，均×40；5d．顶视．×72；Z_2Є$_1$*dn*

6．*Emarginoconus mirus* Yü （60页）

6a．口视，×72；6b．斜口视，×114；6c．顶视，6d．侧视，均×60；Z_2Є$_1$*dn*

7．*Sinuconus undatus* Yü （59页）

7a．口视，×72；7b．顶视，×72；Z_2Є$_1$*dn*

8．*Granoconus trematus* Yü （60页）

8a．侧视，×40；8b．背视，×36；8c．背侧放大，×72；Z_2Є$_1$*dn*

9. *Bemella simplex* Yü (62页)

侧视，×36；Z_2-ϵ_1*dn*

10. *Bemella* ? *mirabilis* Yü (62页)

10a. 侧视，10b. 背视，均×36；10c. 前视，10d. 口视，均×40；Z_2-ϵ_1*dn*

11. *Helcionella tianzhushanensis* Yü (62页)

11a. 顶视，×4；11b. 侧视，×4；Z_2-ϵ_1*dn*

图 版 11

1. *Latouchella sanxiaensis* Yü (63页)

侧视，×40；Z_2-ϵ_1*dn*

2. *Latouchella lauta* Yü (63页)

侧视，×20；Z_2-ϵ_1*dn*

3. *Latouchella huangshandongensis* Yü (63页)

侧视，×4；Z_2-ϵ_1*dn*

4. *Asperoconus granuliferus* Yü (64页)

4a. 背视，×36；4b. 侧视，×36；Z_2-ϵ_1*dn*

5. *Igorella* ? *cyrtoliformis* Yü (64页)

5a. 背视，×36；5b. 侧视，×36；Z_2-ϵ_1*dnn*

6. *Latouchella* cf. *memorabilis* Missarzhevsky (63页)

侧视，×40；Z_2-ϵ_1*dn*

7. *Igorella hamata* Yü (64页)

7a. 背视，7b. 侧视，7c. 口视，均×20；Z_2-ϵ_1*dn*

8. *Purella elegans* Yü (65页)

8a. 侧视，×20；8b. 背视，×20；Z_2-ϵ_1*dn*

9. *Purella* ? *tianzhushanensis* Yü (65页)

9a. 侧视，×40；9b. 背视，×40；Z_2-ϵ_1*dn*

10. *Tannuella chaoi* Chen et al. (67页)

侧视，×3；Z_2-ϵ_1*dn*

11、15. *Ginella granda* Chen et al. (66页)

11a. 侧视，11b. 后视，11c. 顶视，11d. 侧视模型，均×2。

15. 侧视，×3；Z_2-ϵ_1*dn*

12. *Huanglingella polycoslata* Chen et al. (67页)

侧视，×3；Z_2-ϵ_1*dn*

13. *Songlinella formosa* Chen el al. (67页)

侧视，×3；Z_2-ϵ_1*dn*

14. *Ginella altaica* Chen et al. (66页)

侧视，×3；Z_2-ϵ_1*dn*

16．*Xiadongoconus luminosus* Yü （66页）

16a．顶视，×40；16b．侧视，×40；Z_2-$\epsilon_1 dn$

17．*Igorella xilingensis* Chen et al. （64页）

侧视，×3；Z_2-$\epsilon_1 dn$

18．*Maidipingoconus maidipingensis* (Yü) （65页）

18a．背视，18b．侧视，18c．口视，均×22.5；Z_2-$\epsilon_1 dn$

19．*Archaeospira ornata* Yü （68页）

19a．背视，19b．底视，19c．顶视，19d．口视，均×40；Z_2-$\epsilon_1 dn$

20．*Archaeospira* ? *imbricata* Yü （68页）

20a．口视，20b．底视，20c．顶视，20d．背视。均×60；Z_2-$\epsilon_1 dn$

21．*Maclurites* ? sp. （69页）

21a．横断面，×4；21b．顶视，×4；Z_2-$\epsilon_1 dn$

图 版 12

1．*Protocycloceras deprati* Reed （76页）

1a．侧面，×1，1b．纵切面，×1，NA001；$O_{1-2}d$

2．*Protocycloceras remotum* Lai （76页）

2a．侧面，×1，2b．纵切面，×1；$O_{1-2}d$

3．*Protocycloceras wangi* (Yü) （76页）

纵切面，×1，NA002；$O_{1-2}d$

4．*Protocycloceras wongi* (Yü) （77页）

4a．横切面，×1，4b．纵切面，×1；$O_{1-2}d$

5．*Protocycloceroides guanyinqiaoense* Chen （77页）

纵切面，×1，NA003；O_2g

6．*Cochlioceras sinense* Chang （77页）

6a．纵切面，×2.5，6b．侧面，×2；$O_{1-2}d$

7、8．*Manchuroceras wolungense* (Kobayashi) （79页）

7．腹面，×1，8a．侧面，×1，8b．纵切面，×1；O_1h

9．*Cochlioceras yangtzeense* Chang （78页）

纵切面，×1，NA005；$O_{1-2}d$

10．*Manchuroceras badongense* Chen （79页）

10a．横切面，×1，10b．纵切面，×1；O_1h

11．*Thylacoceras yangtzeense* (Yü) （78页）

11a．横断面，×1，11b．腹面，×1；$O_{1-2}d$

12．*Cochlioceras lingfengkowense* Lai （77页）

纵切面，×1，NA004；$O_{1-2}d$

13．*Bathmoceras complexum* Barrande （78页）

腹面，×1；$O_{1\text{-}2}d$

图 版 13

1．*Manchuroceras hubeiense* Xu (79页)

1a．纵切面，×1，1b．侧面，×1；O_1h

2．*Vaginoceras ? beletmnitiforme* Holm (81页)

纵切面，×1；O_2

3．"*Cameroceras*" *hsiehi* Yü (80页)

3a．横切面，×1，3b．纵切面，×1；$O_{1\text{-}2}d$？

4．*Cyrtovaginocgras fenxiangense* Xu (80页)

4a．纵切面，×1，4b．外形风化面，×1；O_1h

5．*Vaginoceras cylindricum* Yü (81页)

纵切面，×1，NA006；$O_{2\text{-}3}b$

6．*Vaginoceras peiyangense* Yü (81页)

纵切面，×1/2，NA007；O_2g—$O_{2\text{-}3}m$

7．"*Cameroceras*" *tenuiseptum* var．*ellipticum* Yü (80页)

7a．外形，×1，7b．纵切面，×1；$O_{1\text{-}2}d$

8．*Vaginoceras multiplectoseptatum* Yü (81页)

8a．外形，×1，8b．纵切面，×1；O_2

9．*Vaginoceras giganteum* Yü (81页)

纵切面，×1；O_2g、$O_{2\text{-}3}b$

图 版 14

1．*Kotoceras curvatum* Lai (82页)

1a．侧面，×1，1b．纵切面，×1；$O_{1\text{-}2}d$

2．*Dideroceras endoseptum* (Chang) (83页)

纵切面，×1，NA010；$O_{1\text{-}2}d$

3．*Vaginoceras peiyangense malukonense* (Chen) (82页)

纵切面，×1，NA008；$O_{1\text{-}2}d$

4．*Dideroceras meridionale* (Kobayashi) (83页)

纵切面，×1；$O_{1\text{-}2}d$

5．*Vaginoceras xuanenense* Xu (82页)

5a．横切面，×1，5b．纵切面，×1；$O_{2\text{-}3}b$

6．*Dideroceras endocylindricum* (Yü) (83页)

纵切面，×1，NA011；$O_{1\text{-}2}d$

7．*Dideroceras mui* (Chang) (83页)

纵切面，×1，NA012；$O_{1\text{-}2}d$

8、9．*Dideroceras uniforme* (Yü)　(84页)

纵切面，×1；O_2

10．*Chisiloceras changyangense* (Chang)　(84页)

纵切面，×1，NA013；$O_{1\text{-}2}d$

11．*Dideroceras dayongense* Lai et Tsi　(82页)

纵切面，×1；O_2g

12．*Dideroceras shui* (Yü)　(84页)

纵切面，×1/2；$O_{1\text{-}2}d$

13．*Chisiloceras grabaui* (Yü)　(85页)

纵切面，×1/2；$O_{1\text{-}2}d$

14．*Dideroceras hupehense* Lai et Niu　(83页)

纵切面，×4/5；O_2g

15．*Dideroceras wahlenbergi* (Foord)　(84页)

纵切面，×1，NA009；O_2g、$O_{1\text{-}2}d$

图　版　15

1．*Chisiloceras reedi* (Yü)　(85页)

纵切面，×1，NA014；$O_{1\text{-}2}d$

2．*Chisiloceras neichianense* (Yü)　(85页)

纵切面，×1，NA015；$O_{1\text{-}2}d$

3．*Chisiloceras subtile* (Yü)　(85页)

3a．横切面，×1，3b．纵切面，×1；$O_{1\text{-}2}d$

4．*Hopeioceras hupehense* (Yü)　(86页)

4a．横切面，×1，4b．外形，×1；O_1h

5．*Hopeioceras acutinum* (Yü)　(86页)

5a．风化面，5b．横切面，5c．纵切面，均×1；O_1h

6．“*Endoceras*”*chienchangi* Lai　(86页)

6a．外形，6b．纵切面，6c．纵切面薄片，均×1；$O_{1\text{-}2}d$

7．*Cyrtactinoceras changyangense* Liu et Xu　(88页)

7a、7b．纵切面，×1；S_1lr

8、9．*Hopeioceras huanghuachangense* Xu　(87页)

8a．外形，×1，9a．横切面，×1，9b．腹面，×1；O_1h

10．*Belemnoceras triformatum* (Yü)　(87页)

10a．外形，×2，10b．纵切面，×1；O_1h

11．“*Endoceras*”*suni* Lai　(86页)

纵切面，×1/2；$O_{1\text{-}2}d$

12．*Chisiloceras leei* (Yü)　(85页)

纵切面，×2/3；$O_{1\text{-}2}d$

图　版　16

1．*Michelinoceras chaoi* Chang　(89页)

1a．外形，×2，1b．纵切面，×2；$O_{1\text{-}2}d$

2．*Michelinoceras dobaosense* Chang　(89页)

纵切面，×2；$O_{1\text{-}2}d$

3．*Armenoceras coulingi* (Grabau)　(88页)

纵切面，×1/2；O_2

4．*Michelinoceras hupehense* Chang　(90页)

纵切面，×1；$O_{1\text{-}2}d$

5．*Michelinoceras paraelongatum subocentrale* Lai　(91页)

纵切面，×1；O_2g

6．*Xuanenoceras bovigulatum* Xu　(88页)

6a．纵切面，6b．侧面，6c．横切面，均×1；$O_{2\text{-}3}b$

7．*Michelinoceras squamatulum* Barrande　(92页)

纵切面，×1；$O_{1\text{-}2}d$

8．*Belemnoceras* cf. *tripum* Chen　(87页)

8a．横切面，×2，8b．外形，×2；O_1h

9．*Michelinoceras remotum* (Yü)　(91页)

纵切面，×2/3；O_2g

10．*Michelinoceras? thysum* (Barrande)　(92页)

10a．外形，10b、10c．纵切面，均×1；$O_{1\text{-}2}d$

11．*Michelinoceras mui* Chang　(91页)

纵切面，×2；$O_{2\text{-}3}b$

图　版　17

1．*Michelinoceras formosa* Lai et Niu　(90页)

1a．横切面，×1，1b．纵切面，×1；O_2g

2、3．*Michelinoceras sanxiaense* Lai et Niu　(91页)

纵切面，均×1；$O_{2\text{-}3}b$

4．*Michelinoceras* cf. *regulare* (Schlotheim)　(91页)

纵切面，×1，NA017；$O_{1\text{-}2}d$

5．*Michelinoceras elongatum* (Yü)　(89页)

纵切面，×2，NA018；$O_{2\text{-}3}b$

6．*Michelinoceras fenxiangense* Xu （90页）

6a．外形，×1，6b．纵切面，×1；$O_{2\text{-}3}b$

7．*Michelinoceras fangxianense* Liu et Xu （89页）

纵切面，×1；$O_{2\text{-}3}b$

8．*Eosomichelinoceras huananense* Chen （92页）

纵切面，×2，NA019；O_2

9．*Michelinoceras yangi* Chang （92页）

纵切面，×1，NA016；$O_{1\text{-}2}d$

10．*Michelinoceras gaoluoense* Xu （90页）

10a．横切面，×2，10b．外形，×2；S_1s

11、12．*Sinoceras yichangense* Lai et Niu （97页）

11a．纵切面，11b．横切面，12．纵切面，均×1；O_2g

13．*Michelinoceras huangnigangensa* Chang （90页）

纵切面，×1；$O_{2\text{-}3}b$

14．*Sinoceras ? suni* (Yü) （97页）

纵切面，×2/3；O_2

15．*Sinoceras densum* (Yü) （96页）

纵切面，×1；O_2g

16．*Sinoceras eccentriea* (Yü) （96页）

纵切面，×1/3；$O_{2\text{-}3}b$

17、18．*Protobactrites xuanensis* Xu （93页）

17a．横切面，×1，17b．外形，×1，18．纵切面，×3；S_1s

图版 18

1．*Sinoceras chinense fenxiangense* Chang （96页）

纵切面，×1；$O_{2\text{-}3}b$

2．*Trocholites* sp. （95页）

2a．横切面，×1，2b．侧面，×1，NA022；$O_{2\text{-}3}b$

3．*Sinoceras chinense* (Foord) （96页）

3a．纵切面，×1，3b．腹面，×1；$O_{2\text{-}3}b$

4．*Discoceras ? eurasiaticum* Frech （95页）

侧面，×2/3；$O_{2\text{-}3}b$

5．*Palaeonautilus hubeiensis* Chen （95页）

5a．侧面，5b．正面，5c．腹面，均×1；O_2g

6．*Richardsonoceras asiaticum* (Yabe) （94页）

6a．横切面，6b．侧面，6c．纵切面，均×1，NA021；$O_{2\text{-}3}b$

7．*Richardsonoceras hubeiense* Xu （94页）

外形 ×2/3；$O_{2\text{-}3}b$

8．*Estonioceras imperfeetum* (Qüenstedt) （94页）

纵切面，×1；$O_{2\text{-}3}b$

9．*Gaoluoceras hubeiense* Xu （93页）

9a．外形，×1，9b．纵切面，×1；$O_{2\text{-}3}b$

图 版 19

1．*Lituites lii* Yü （97页）

纵切面，×1，NA024；$O_{2\text{-}3}b$

2．*Trilacinoceras* sp. （99页）

侧面，×1，NA025；$O_{2\text{-}3}b$

3．"*Lituites*" *rudum* (Yü) （98页）

3a．外形，×1，3b．纵切面，×1；O_2g

4．*Lopingoceras* sp. （93页）

外形，×1，NA027；P_3w

5．*Ancistroceras hubeiense* Liu et Xu （98页）

5a．侧面，×1，5b．背面，×1；$O_{2\text{-}3}b$

6．*Lituitus* cf. *lii* Yü （97页）

侧面，×1，NA023；$O_{2\text{-}3}b$

7．*Rhynchorthoceras* sp. （99页）

7a．外形，×1，7b．纵切面，×1；$O_{2\text{-}3}b$

8．*Lituites* cf. *ningkiangensis* Lai （98页）

侧面，×1，NA026；$O_{2\text{-}3}b$

9．*Cyclolituites hubeiensis* Liu et Xu （99页）

9a．侧面，×1，9b．侧面，×1；$O_{2\text{-}3}b$

10．*Lichuanoceras hubeiense* Xu （100页）

侧面，×1；P_3w

图 版 20

1．*Hefengnautilus pernodosus* Xu （100页）

1a．侧面（负），1b．侧面（横、正），均 ×1；P_2m

2．*Lichuanoceras hubeiense* Xu （100页）

2a．正面，2b．腹面，均 ×1；P_3w

图　版　21

1. *Strigogoniatites hubeiensis* Xu　(103页)

　1a. 侧面，1b. 正面，1c. 腹面，均 ×1；P_2m

2. *Altudoceras jianshiense* Xu　(102页)

　侧面，×1；P_2m

3. *Altudoceras* cf. *zitteli* (Gemmellaro)　(102页)

　侧面，×1；P_2

4. *Altudoceras* ? *hefengense* Xu　(102页)

　侧面，×1/3；P_2m

5. *Altudoceras* cf. *beedei* (Plummer et Scott)　(102页)

　侧面，×1；P_2m

6. *Paraceltites* cf. *multicostatus* (Böse)　(103页)

　侧面，×1；P_2m

7. *Paraceltites* ? *hubeiensis* Xu　(103页)

　侧面，×1；P_2m

8. *Paraceltites* ? *zhongguoensis* Xu　(104页)

　侧面，×2/3；P_2m

图　版　22

1. *Prototoceras* sp.　(104页)

　侧面，×2；P_3w

2. *Anderssonoceras anfuenee* Grabau　(104页)

　2a. 侧面，2b. 腹面，均 ×1；P_3w

3. *Pseudogastrioceras* cf. *gigantum* Chao et al.　(101页)

　侧面，×1；P_3w

4. *Paragastrioceras hubeiense* Xu　(101页)

　侧面，×1；P_2m

5. *pseudogastrioceras* cf. *szechuanense* Chao et Liang　(101页)

　侧面，×2，P_3d

6. *Paragastrioceras* cf. *ellipsoidale* (Fredericks)　(101页)

　侧面，×1，P_2m

7. *Pleuronodoceras hubeiense* Xu　(105页)

　侧面，×2/3；P_3d

8. *Kashmirites* aff. *acutangulatus* Welter　(106页)

8a．侧面，8b．正面，均 ×1；T_1

9．*Ophiceras demissum* (Oppel) （105页）

侧面，×1；T_1d

10．*Lytophiceras* cf．*commune* Spath （106页）

侧面，×1.5；T_1d

11．*Anasibirites* cf．*kingianus* (Waagen) （107页）

11a．侧面，11b．正面，均 ×1.5；T_1

12．*Kashmirites obliguecostatus* Tien （106页）

12a．侧面，12b．正面，均 ×1.5；T_1

图　版　23

1、2．*Palaeobelemnopsis sinensis* T．E．Chen （107页）

1a．右侧视，1b．左侧视，1c．腹视，1d．背视，1e 两侧方向纵切面，均 ×3；

2a．背视，2b．腹视，2c．左侧视，2d．右侧视，均 ×3；

2e．干区横断面，2f．尖端区横断面，均 ×5；P_3d

3．*Palaeobelemnopsis minor* T．E．Chen （107页）

3a．腹视，3b．右侧视，均 ×3；3c．两侧方向纵切面，×6；

3d．闭锥局部放大，×18；P_3d

图　版　24

1．*Sachites minus* Qian et al. （48页）

凹面视，×40；Z_2-$€_1dn$

2．*Saehites terastios* Qian et al. （48页）

2a．凹面视，×20；2b．凸面视，×40；Z_2-$€_1dn$

3．*Paleosulcachiies shipaiensis* Qian （49页）

3a．凹面视，×30；3b．侧面视，×30；Z_2-$€_1dn$

4．*Protopterygotheca leshanensis* Chen （50页）

4a．凹面视，×40；4b．凸面视，×40；Z_2-$€_1dn$

5．*Saehites sacciformis* Meshkova （48页）

7a．凹面视，×40；7b．凸面视，×40；Z_2-$€_1dn$

6．*Quadrochites disjunctus* Qian （50页）

面视，×40；Z_2-$€_1dn$

7．*Huangshandongella bella* Qian et al. （52页）

顶面视，×30；Z_2-$€_1dn$

8．*Tianzhushanospira unicarinata* Yü （70页）

口视，×36；Z_2-$\epsilon_1 dn$

9．*Sachites* sp.　（49页）

　　凹面视，×20；Z_2-$\epsilon_1 dn$

10、12．*Ecculiomphalus abendanoni* (Frech)　（70页）

　　10a．顶视，13b．口视，12a．顶视，12b．侧视，均×1；$O_{1\text{-}2}d$

11．*Ecculiomphalus sinensis* (Frecth)　（69页）

　　11a．顶视，×1，11b．口视，×1；$O_{1\text{-}2}d$

13．*Maclurites neritoides* (Eichwald)　（69页）

　　13a．顶视，×1，13b．底视，×1；$O_{1\text{-}2}d$

14．*Cambrospira sinensis* Yü　（68页）

　　14a．背视，×10，14b．口视，×10；Z_2-$\epsilon_1 dn$

四、图版

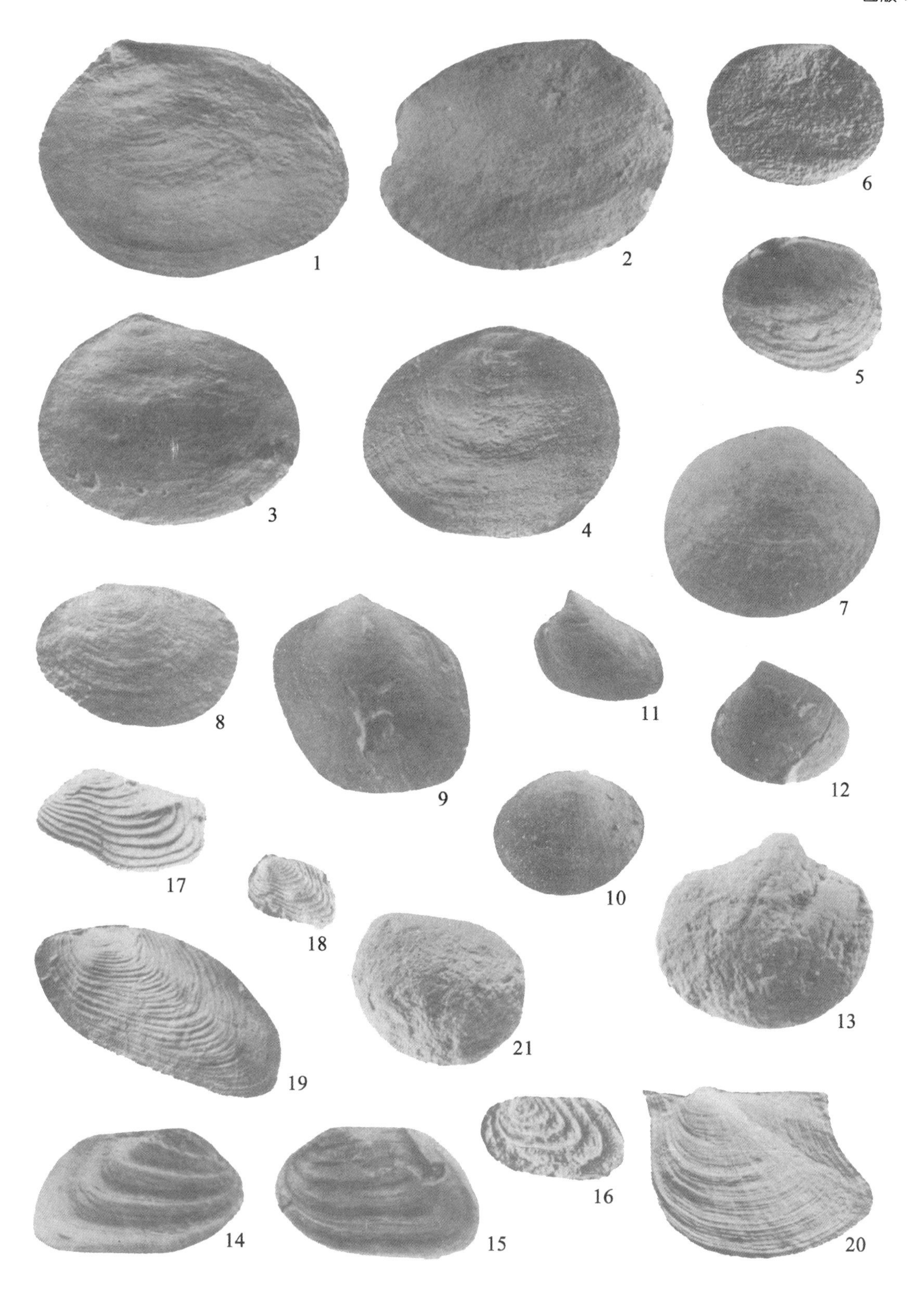
1
2
6
5
3
4
7
8
9
11
12
17
10
18
13
21
19
16
20
14
15

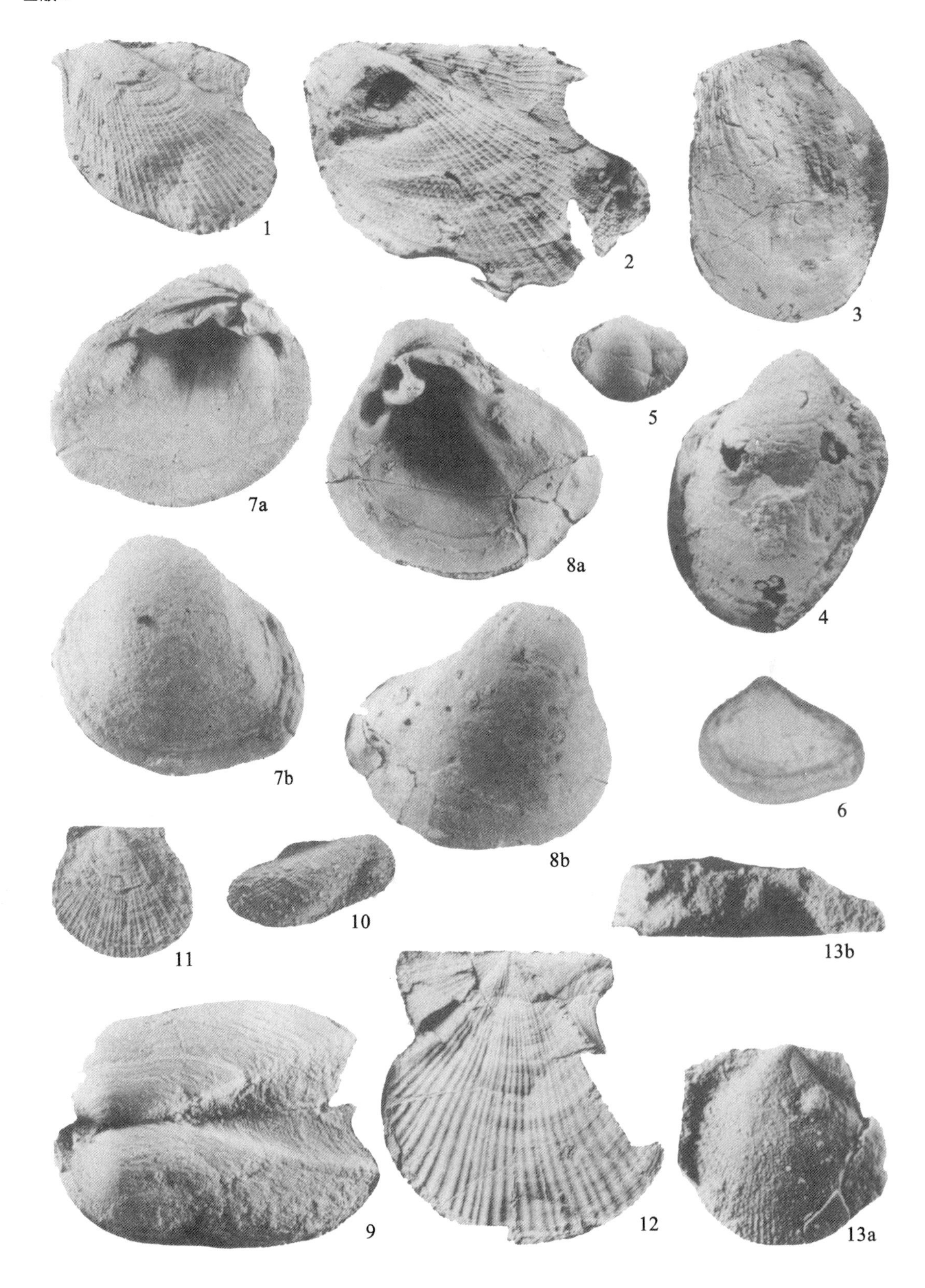
1
2
3
7a
8a
5
4
7b
8b
6
11
10
13b
9
12
13a

1
2
3
4
5
6
7
8
9a
9b
13
14
12a
16
11
18a
18b
12b
17
10
15

1
2
7
5
6
3
4
8
13
12
11
15
16
9
14a
14b
10

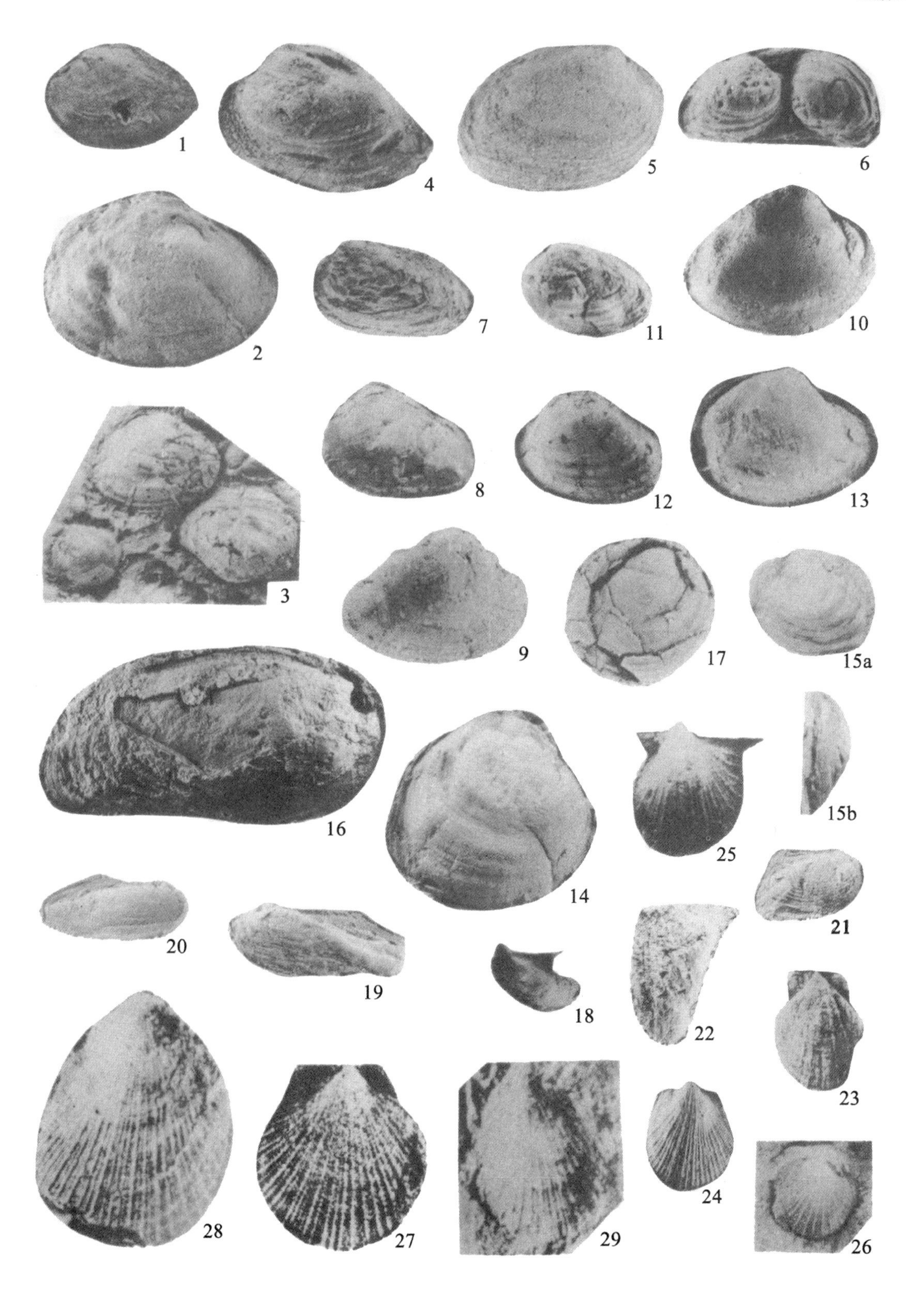
1
4
5
6
2
7
11
10
3
8
12
13
9
17
15a
16
14
25
15b
20
19
18
22
21
23
28
27
29
24
26

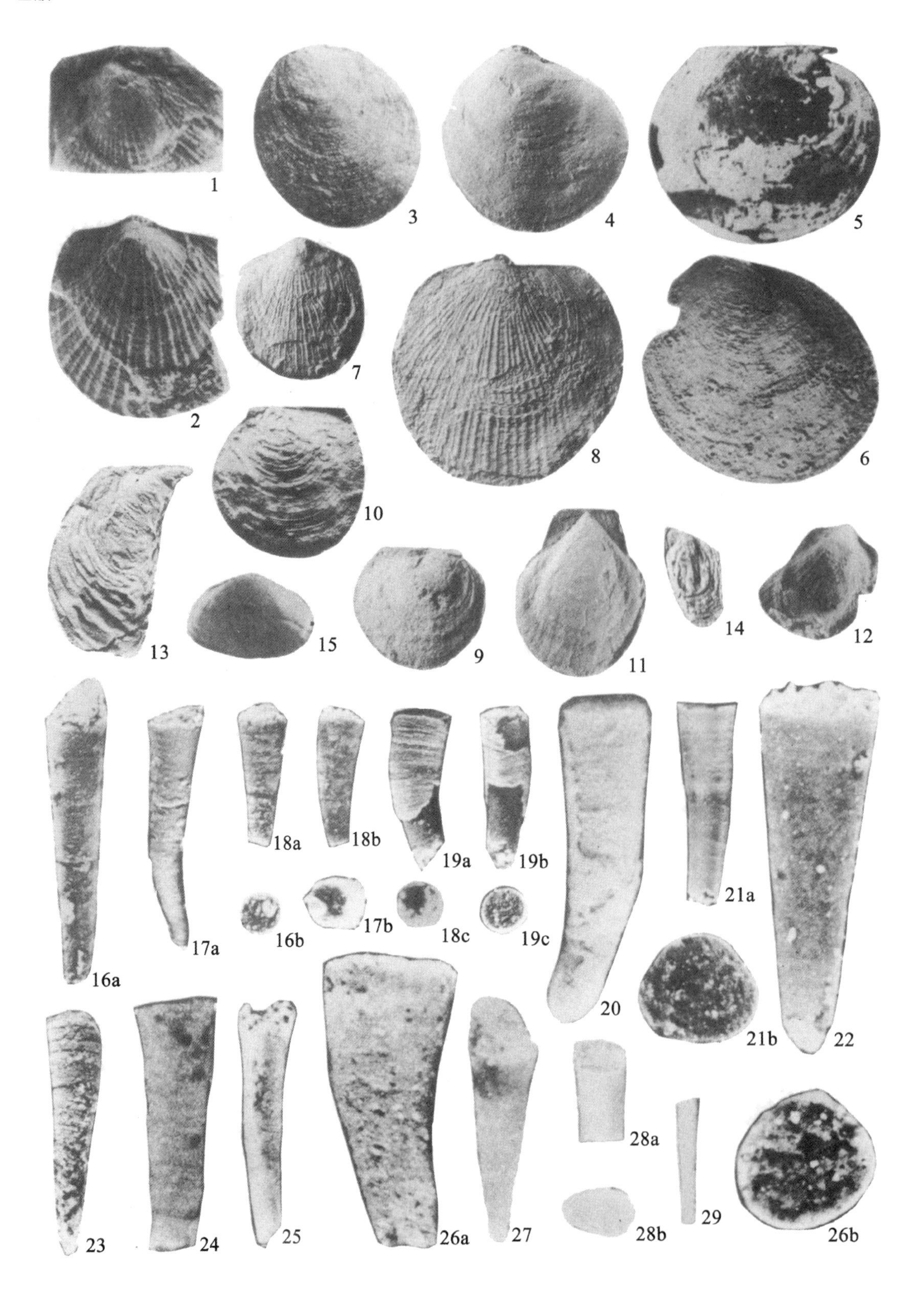
1
2
3
4
5
6
7
8
9
10
11
12
13
14
15
16a
16b
17a
17b
18a
18b
18c
19a
19b
19c
20
21a
21b
22
23
24
25
26a
26b
27
28a
28b
29

1a
2a
2b
3a
3b
3c
1b
6c
5a
6a
4
5b
6b
7
8
10a
14c
10b
11
12
13a
14a
9
17a
13b
14b
15
16
17b

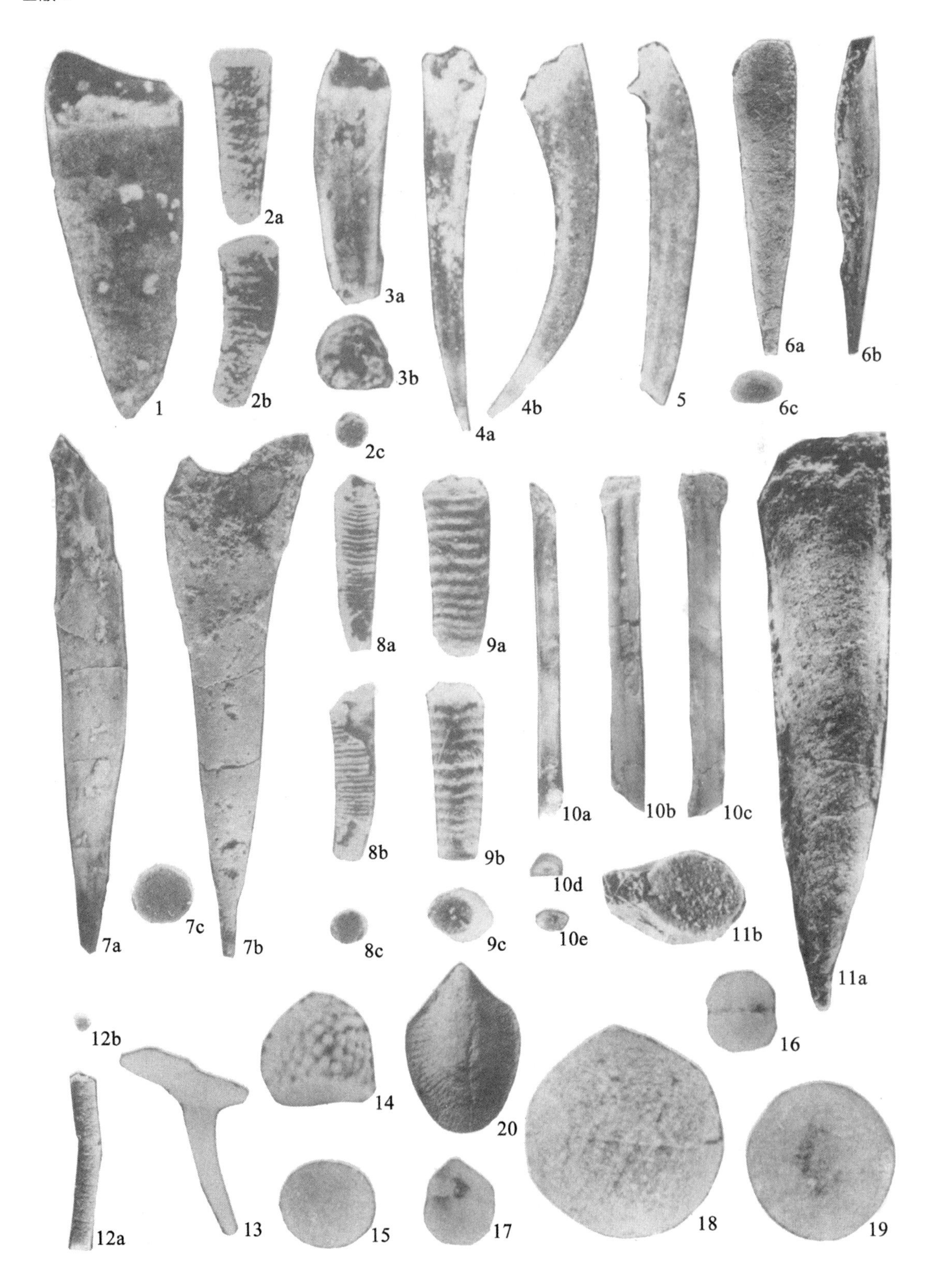
1
2a
2b
2c
3a
3b
4a
4b
5
6a
6b
6c
7a
7b
7c
8a
8b
8c
9a
9b
9c
10a
10b
10c
10d
10e
11a
11b
12a
12b
13
14
15
16
17
18
19
20

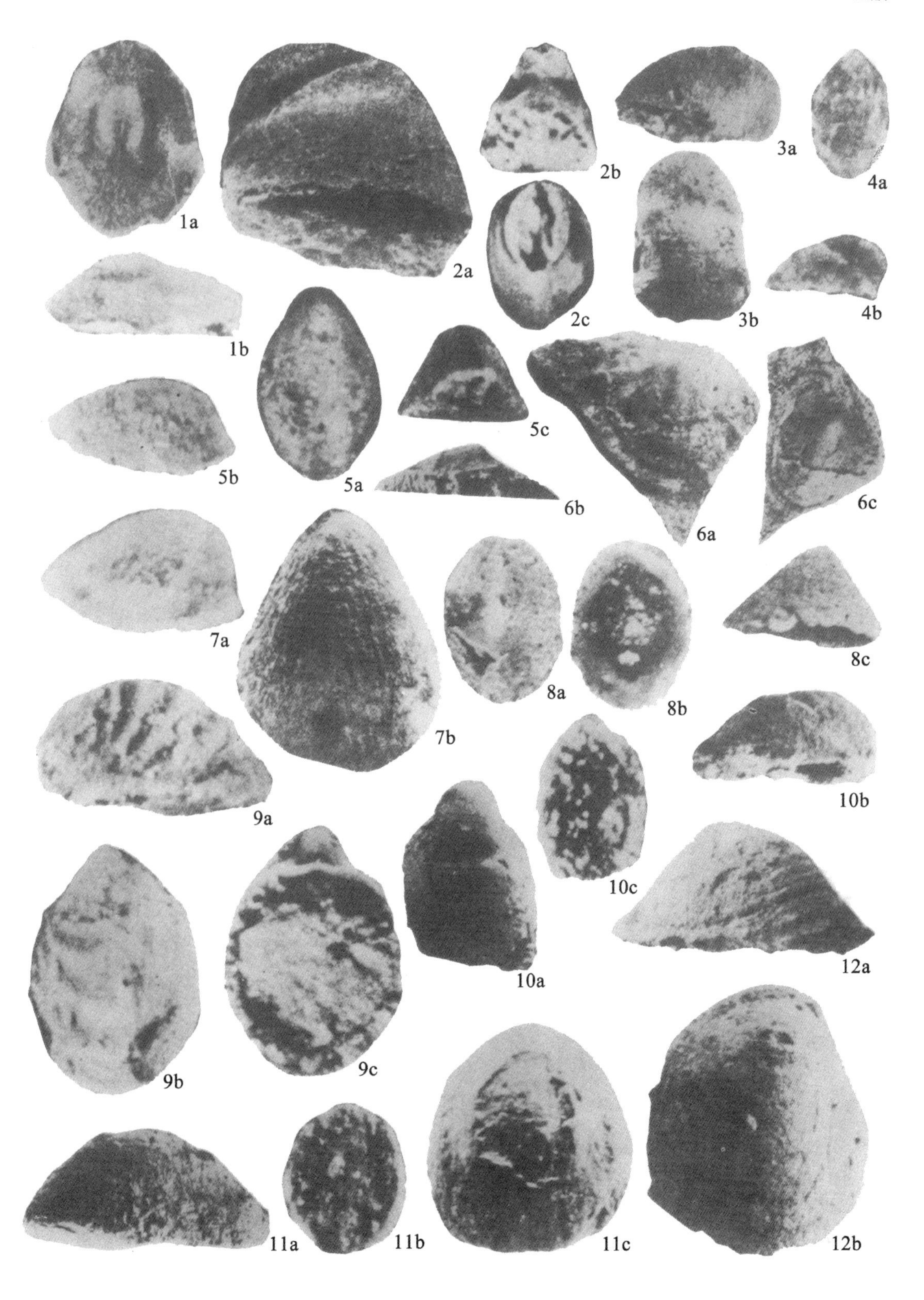
1a
2a
2b
3a
4a
2c
3b
4b
1b
5c
5b
5a
6b
6a
6c
7a
7b
8a
8b
8c
9a
10b
10c
10a
12a
9b
9c
11a
11b
11c
12b

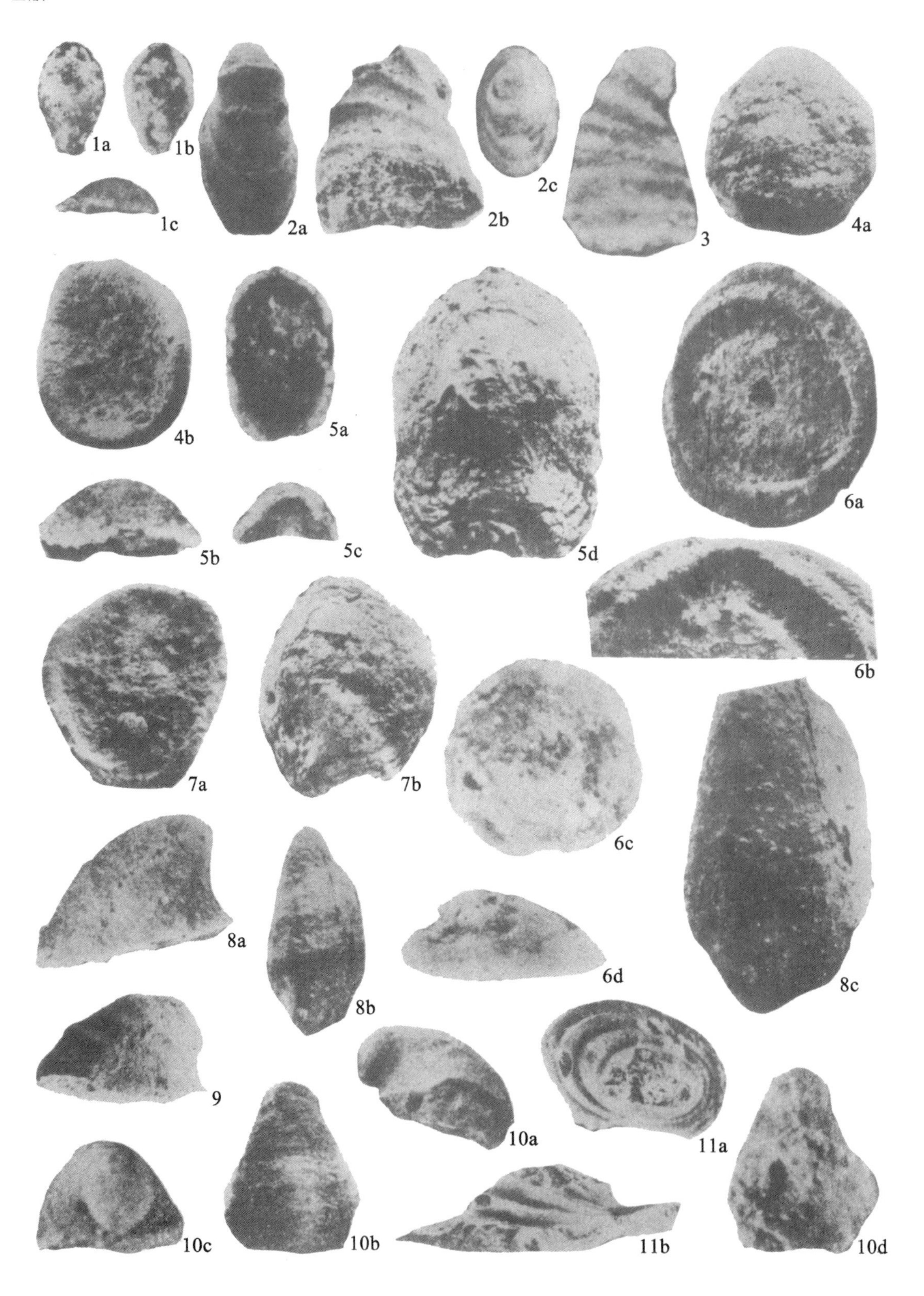
1a
1b
1c
2a
2b
2c
3
4a
4b
5a
5b
5c
5d
6a
6b
7a
7b
6c
8a
8b
6d
8c
9
10a
11a
10c
10b
11b
10d

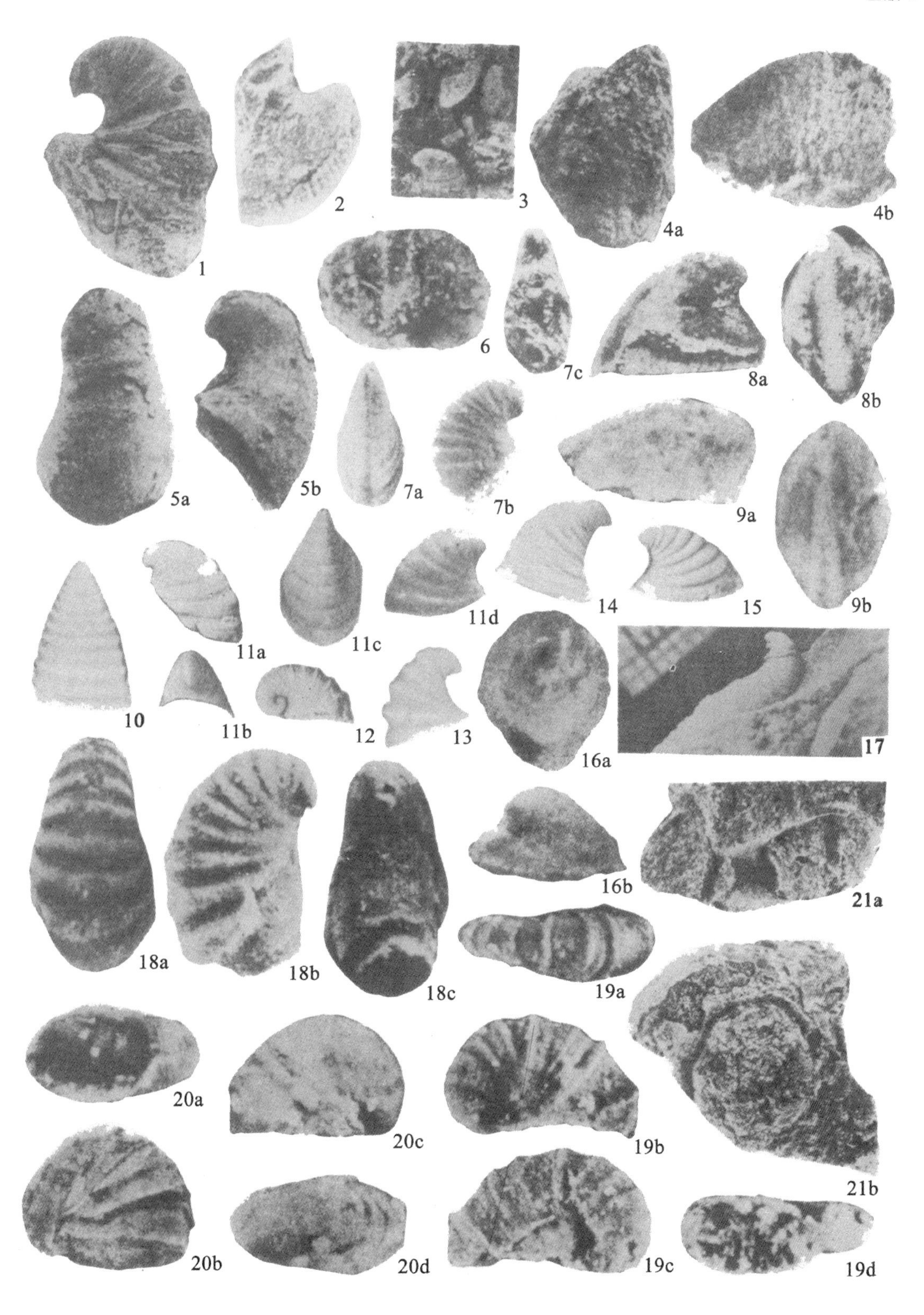
1
2
3
4a
4b
5a
5b
6
7a
7b
7c
8a
8b
9a
9b
10
11a
11b
11c
11d
12
13
14
15
16a
16b
17
18a
18b
18c
19a
19b
19c
19d
20a
20b
20c
20d
21a
21b

1a
1b
2a
2b
3
4a
4b
5
6b
8a
8b
6a
9
7
13
10a
11a
10b
11b
12

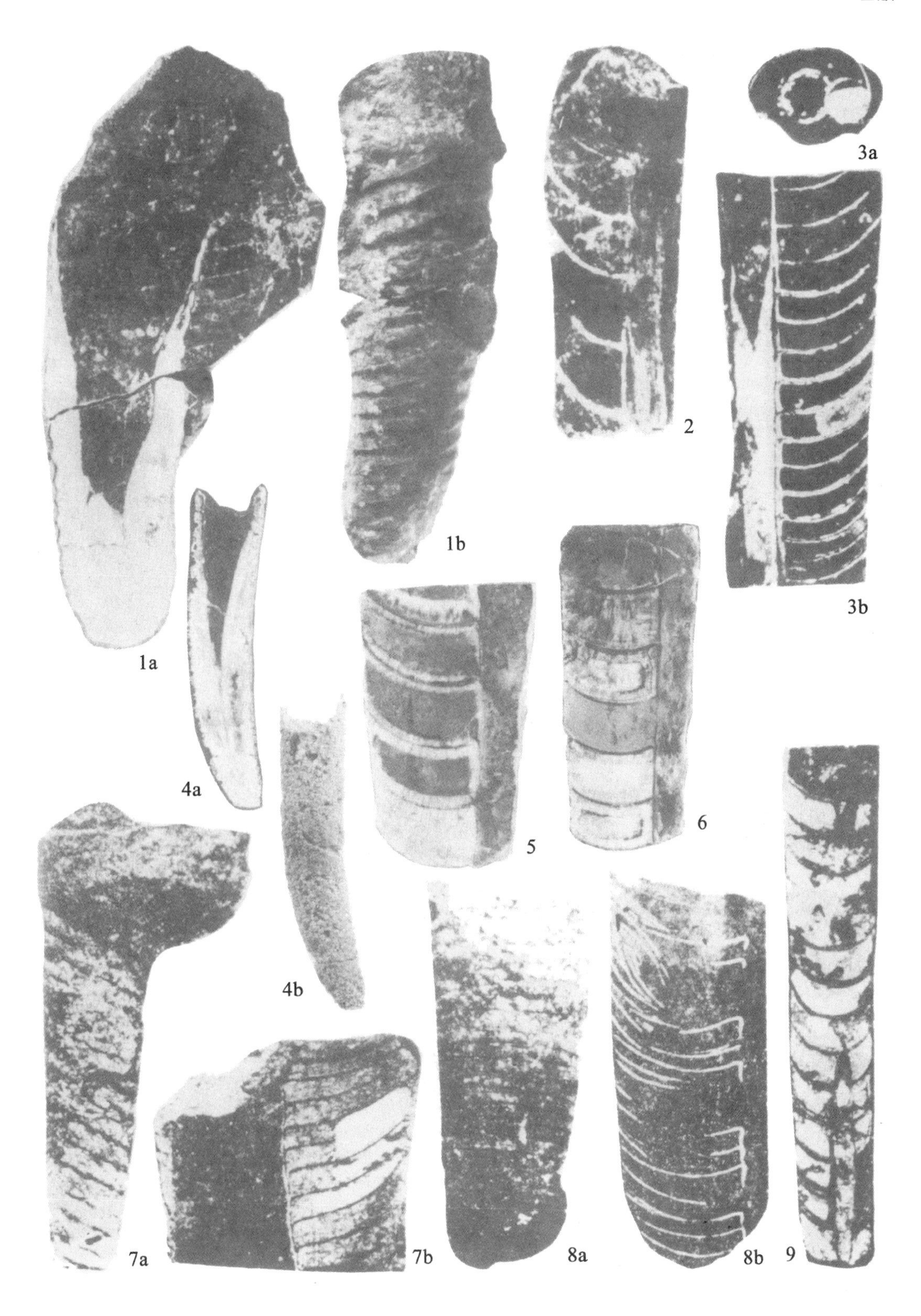
1a
1b
2
3a
3b
4a
4b
5
6
7a
7b
8a
8b
9

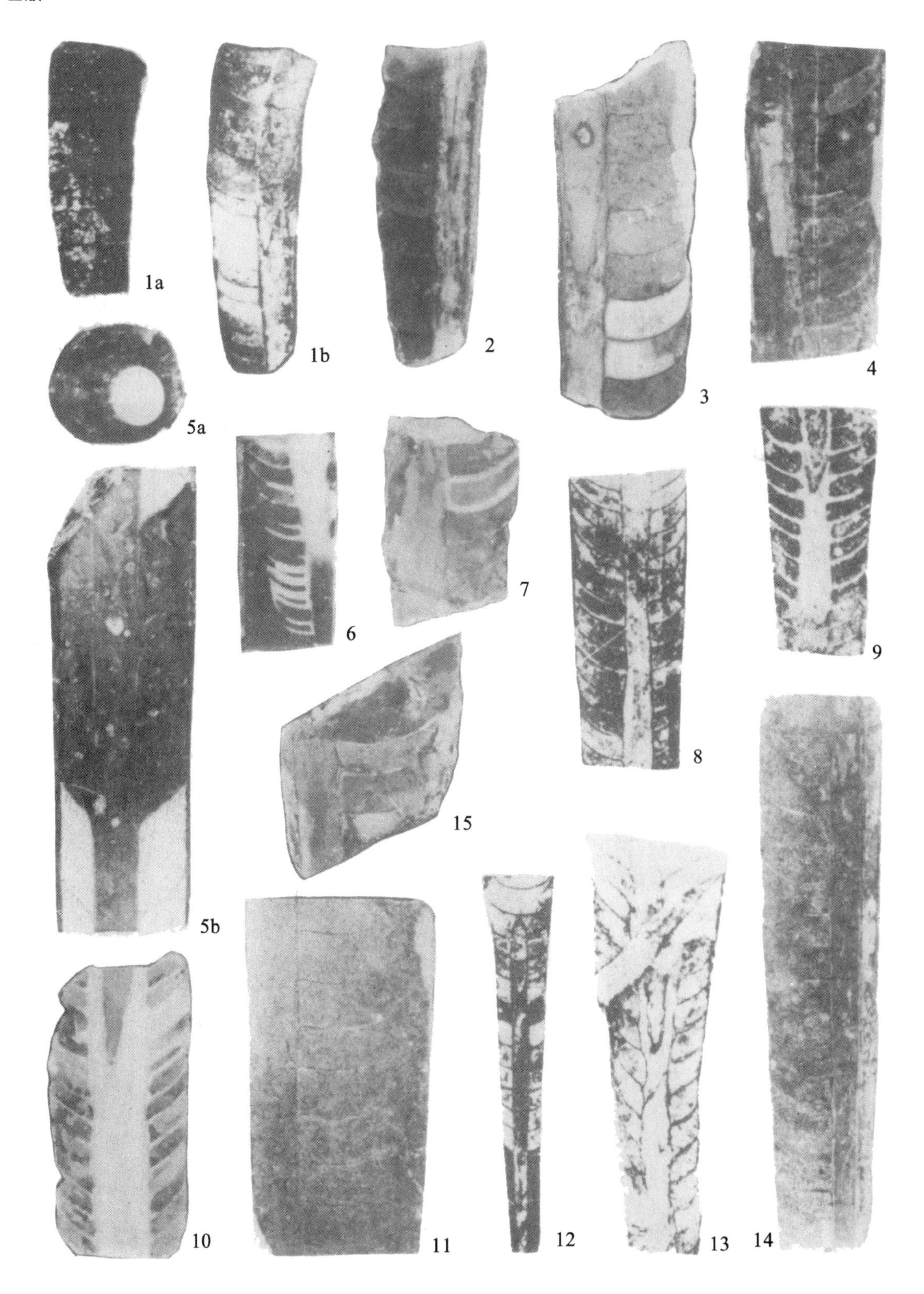
1a
1b
2
3
4
5a
5b
6
7
8
9
10
11
12
13
14
15

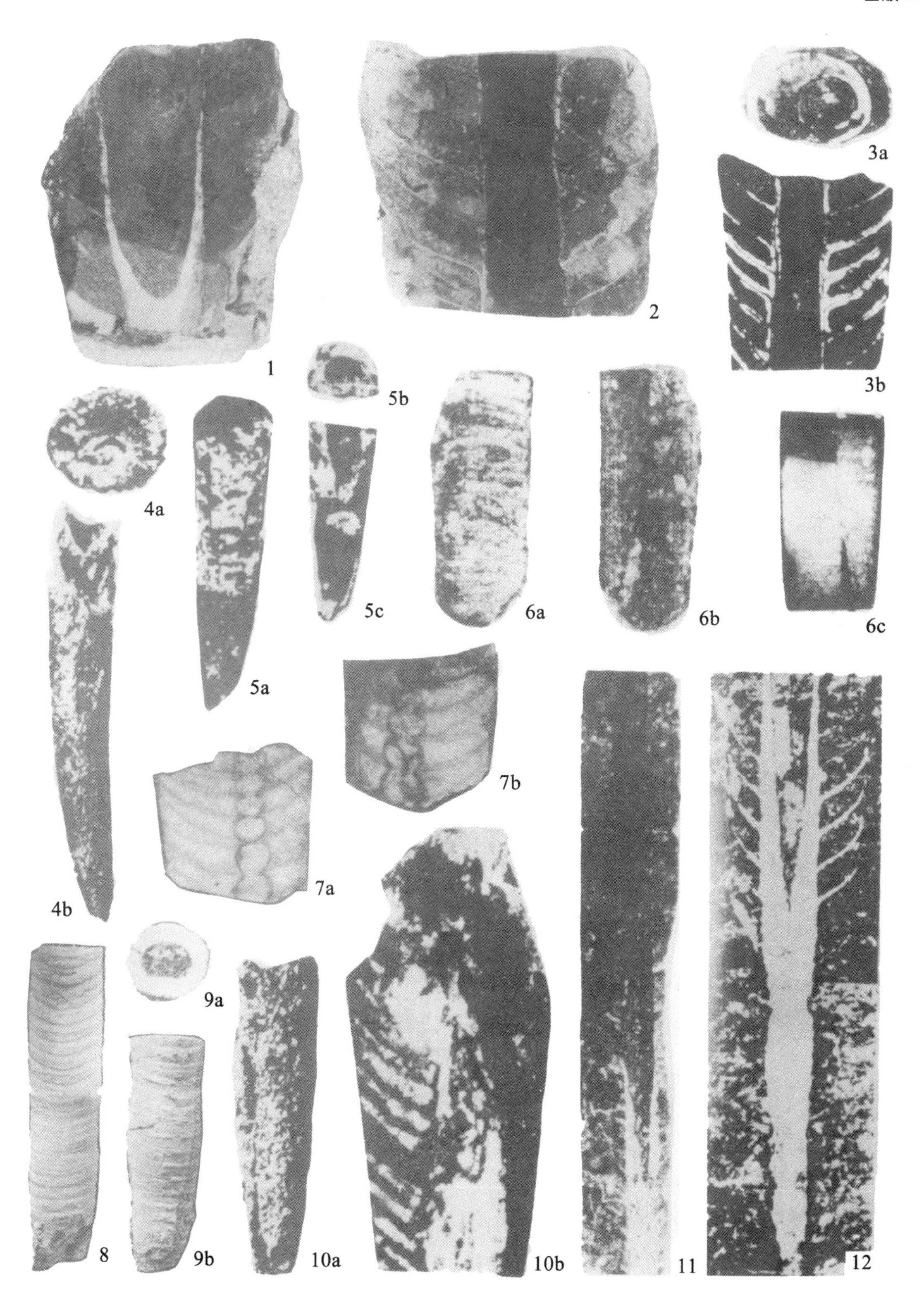
1
2
3a
3b
4a
4b
5a
5b
5c
6a
6b
6c
7a
7b
8
9a
9b
10a
10b
11
12

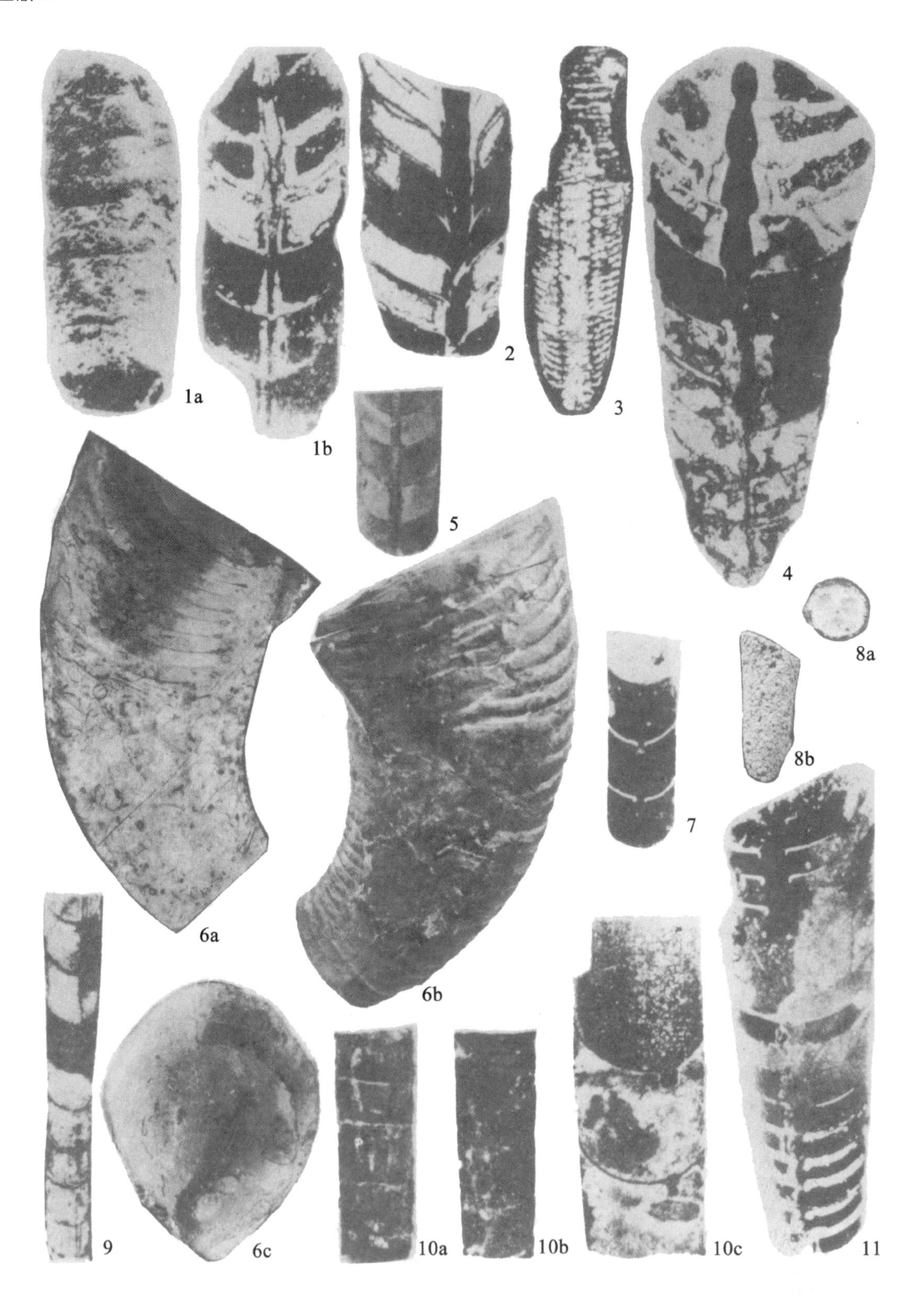
1a
1b
2
3
4
5
6a
6b
6c
7
8a
8b
9
10a
10b
10c
11

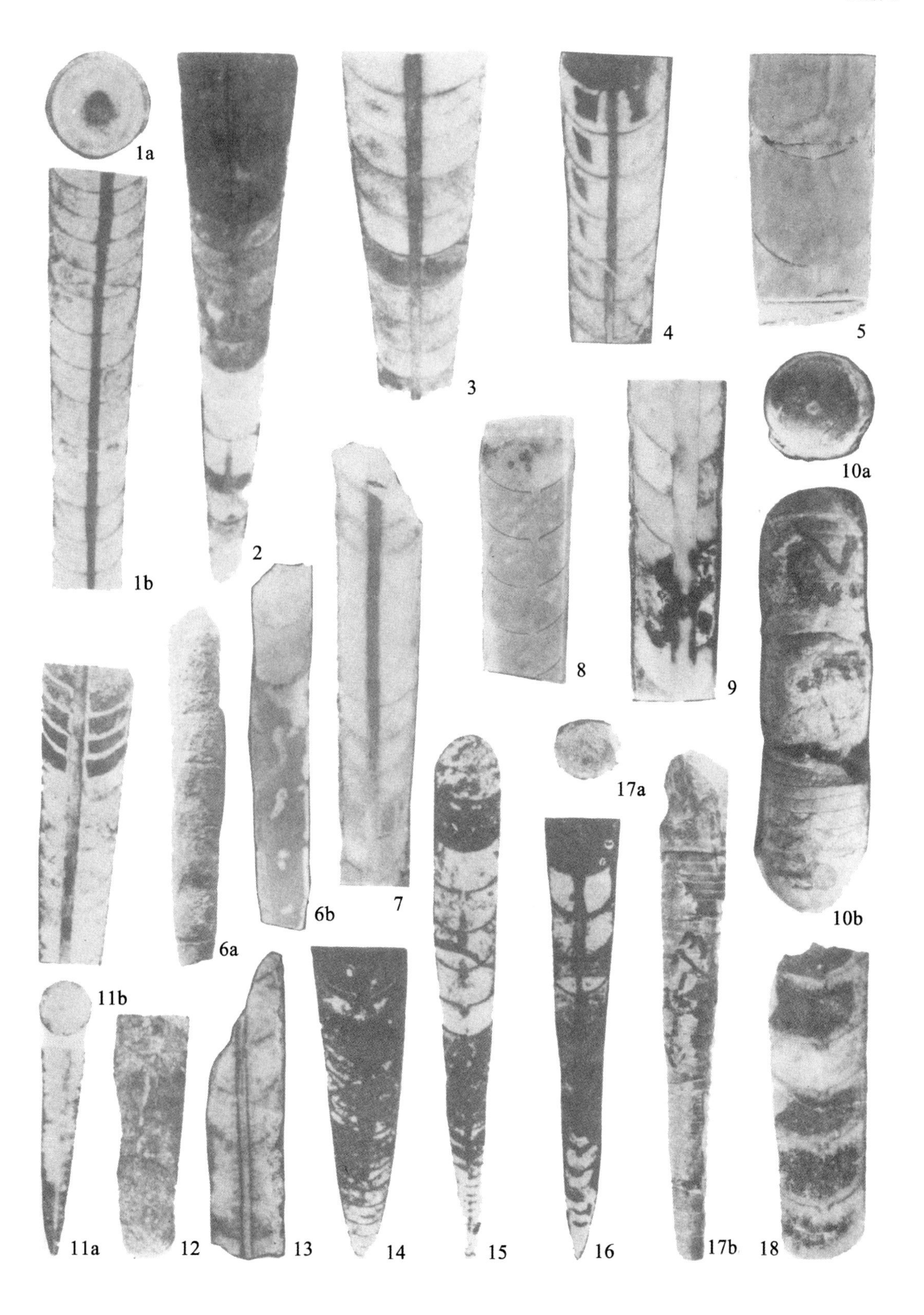
1a
1b
2
3
4
5
6a
6b
7
8
9
10a
10b
11a
11b
12
13
14
15
16
17a
17b
18

1
2a
2b
3a
3b
4
5a
5b
5c
6a
6b
6c
7
8
9a
9b

1
2
3a
3b
4
5a
5b
6
7a
7b
8
9a
9b
10

1a
2a
2b
1b

1a
1b
8
1c
2
4
3
7
6
5

2b
2a
1
3
4
5
7
6
8b
8a
12a
12b
11a
11b
10
9

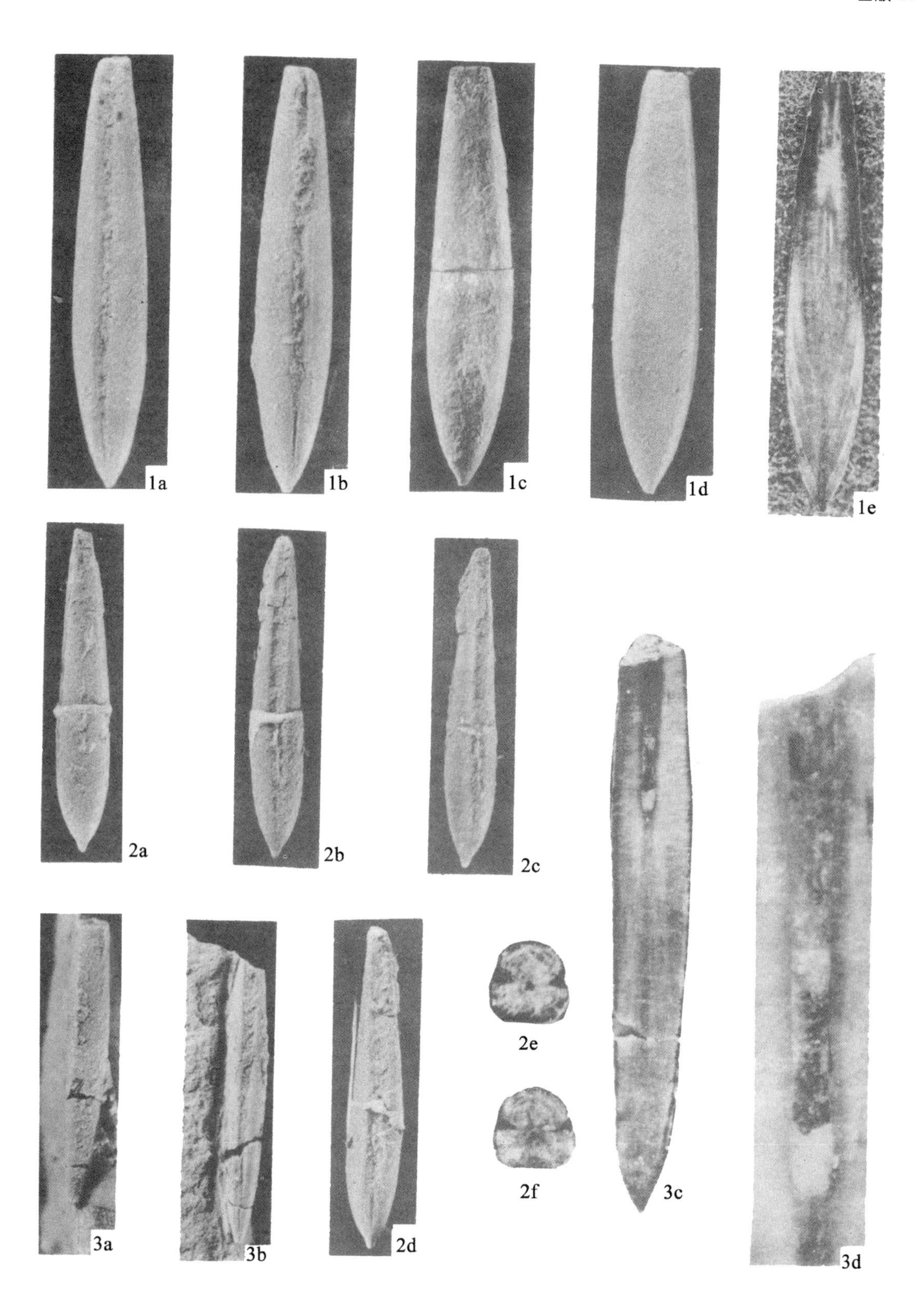
1a
1b
1c
1d
1e
2a
2b
2c
2e
2f
3c
3d
3a
3b
2d

1
2a
2b
3a
3b
4a
5a
6
7
4b
5b
8
10a
9
14a
11a
11b
12a
13a
10b
12b
13b
14b